Carmen Schön

30 Minuten

Frauenpower im Job

Liebe Frau von Tschirnhaus,

viel Freude beim lesen!

Beste Grüße

Carmen Schön

Bibliografische Information der Deutschen Nationalbibliothek

Die Deutsche Nationalbibliothek verzeichnet diese Publikation in der Deutschen Nationalbibliografie; detaillierte bibliografische Daten sind im Internet über http://dnb.d-nb.de abrufbar.

Umschlaggestaltung: die imprimatur, Hainburg
Umschlagkonzept: Martin Zech Design, Bremen
Lektorat: Friederike Mannsperger, Offenbach
Satz: Zerosoft, Timisoara (Rumänien)
Druck und Verarbeitung: Salzland Druck, Staßfurt

Hinweis:
Das Buch ist sorgfältig erarbeitet worden. Dennoch erfolgen alle Angaben ohne Gewähr. Weder Autor noch Verlag können für eventuelle Nachteile oder Schäden, die aus den im Buch gemachten Hinweisen resultieren, eine Haftung übernehmen.

Printed in Germany

978-3-86936-354-7

In 30 Minuten wissen Sie mehr!

Dieses Buch ist so konzipiert, dass Sie in kurzer Zeit prägnante und fundierte Informationen aufnehmen können. Mithilfe eines Leitsystems werden Sie durch das Buch geführt. Es erlaubt Ihnen, innerhalb Ihres persönlichen Zeitkontingents (von 10 bis 30 Minuten) das Wesentliche zu erfassen.

Kurze Lesezeit

In 30 Minuten können Sie das ganze Buch lesen. Wenn Sie weniger Zeit haben, lesen Sie gezielt nur die Stellen, die für Sie wichtige Informationen beinhalten.

- Alle wichtigen Informationen sind blau gedruckt.

- Schlüsselfragen mit Seitenverweisen zu Beginn eines jeden Kapitels erlauben eine schnelle Orientierung: Sie blättern direkt auf die Seite, die Ihre Wissenslücke schließt.

- *Zahlreiche Zusammenfassungen innerhalb der Kapitel erlauben das schnelle Querlesen.*

- Ein Fast Reader am Ende des Buches fasst alle wichtigen Aspekte zusammen.

- Ein Register erleichtert das Nachschlagen.

Inhalt

Vorwort

Warum gibt es immer noch deutlich weniger Frauen als Männer, die in Unternehmen Karriere machen? Fehlt es ihnen an den richtigen Techniken und Taktiken, sich den Weg nach oben zu bahnen, oder ist es immer wieder die sogenannte gläserne Decke, die es Frauen unmöglich macht, in den inneren Zirkel der Männer aufzurücken? Beobachtet man Frauen in Unternehmen, wird schnell klar, dass es nicht *den* einen Grund gibt, der dafür verantwortlich ist. Es ist vielmehr ein Zusammenspiel von verschiedenen Faktoren.

Frauen machen sich häufig keine Gedanken darüber, was sie beruflich erreichen möchten. Es fehlt an einer strukturierten Karriereplanung und an einem beruflichen Ziel. Hinzu kommt, dass sie im Berufsalltag verbal und nonverbal weniger präsent sind als Männer und denken, dass Leistung zeigen ausreicht, um weiterzukommen.

Aber auch der Wille zur Macht, von (ganz) oben aus das Unternehmen zu führen, ist nicht für alle Frauen attraktiv, und die eine oder andere hat das Gefühl, ihre Werte und Ideale im Leben verkaufen zu müssen, um in die Führungsetage befördert zu werden. Die Spiele der männlichen Kollegen – insbesondere der Führungskräfte – sind ihnen entweder nicht bekannt oder sie weigern sich, diese mitzuspielen. Häufig aus dem Gefühl heraus, sich dadurch zu sehr verstellen zu müssen.

Und zum Stichwort Selbstdarstellung: Selbstmarketing in eigener Sache ist den meisten Frauen zuwider. Sie möchten alleine aufgrund ihrer Leistung und nicht wegen gutem Marketing befördert werden.

Und wenn frau sich dann entschieden hat, die männlichen Machtregeln zu beachten und mitzumischen, dann stößt sie oft an die gläserne Decke. Ab einer gewissen Hierarchiestufe im Unternehmen bleiben Männer häufig gerne unter ihresgleichen.

In diesem Buch werden die typischen Karrierehürden dargestellt, auf die Frauen immer wieder stoßen, wenn sie weiter nach oben wollen. Es soll aber nicht bei der alleinigen Darstellung bleiben, vielmehr geht es darum, Ihnen Ideen und Konzepte an die Hand zu geben, wie die eine oder andere weibliche Karrierefalle umgangen werden kann.

Viel Spaß bei der Lektüre!

Carmen Schön

30 MINUTEN

1. Lust auf Macht

Sind Sie bereit, Entscheidungen in Ihrem Unternehmen zu treffen und Verantwortung zu übernehmen? Haben Sie sich schon einmal die Frage gestellt, ob Sie Macht ausüben möchten? Wenn Sie als Frau beruflich etwas bewirken wollen, dann muss die Antwort darauf „Ja" lauten. Denn Personen, die in Firmen etwas bewegen, haben vor allem eines: Spaß an der damit verbundenen Macht. Wie aber können Sie sich dem Thema nähern, wenn Sie merken, dass Sie durchaus Spaß daran haben, sich aber einfach nicht trauen und mit Ihren Strategien nicht weiterkommen?

Die erste Grundvoraussetzung ist, ein positives Verhältnis zur Macht zu entwickeln. Ihre nächste Aufgabe ist es, sich mit den Entscheidungsträgern zu solidarisieren. Denn Macht erhalten Sie nur von den Machtvollen. Dazu müssen Sie das Firmenspiel verstehen und geschickt mitspielen. Eine Spielregel lautet, regelmäßig das Gehalt zu verhandeln und die eigene Position den internen Veränderungen anzupassen. Aber auch zu erkennen, wenn es in Ihrer Abteilung oder auch in Ihrem Unternehmen für Sie nicht mehr weitergeht. Große Sprünge werden oftmals durch einen Firmenwechsel getan!

1.1 Ein positives Verhältnis zur Macht entwickeln

Wenn Sie beruflich vorangehen, werden Sie im Unternehmen machtvoller werden, ob Sie wollen oder nicht! Je weiter Sie nach oben im Organigramm rutschen und je mehr Budget und Umsatz Sie verwalten, desto größer wird Ihr Einflussbereich werden. Und kaum haben wir die erste Voraussetzung für das berufliche Weiterkommen – Spaß an Macht haben – angesprochen, begegnen wir der ersten (Kopf-)Blockade vieler Frauen. Stellt man Frauen die Frage, ob sie gerne Macht ausüben, begegnet man ausweichenden oder empörten Blicken. Ganz anders bei Männern. Die stellen sich klar nach vorne und nicken eifrig – sie freuen sich auf mehr Macht und Einfluss. Eine Frau stellt sich nur selten hin und spricht es klar aus: „Ja, ich habe Lust auf Macht." Und wenn sie es tut, gilt sie – zumindest beim eigenen Geschlecht – als Verräterin und als sozial nicht mehr verträglich. Bedeutet es doch in letzter Konsequenz, dass eine machtvolle Frau bestimmen und anweisen kann und nicht demokratisch korrekt alle Meinungen zur Entscheidungsfindung miteinbezieht. Dieses Denken widerstrebt den meisten Frauen, gerade denjenigen, die stets darum bemüht sind, es allen recht zu machen und dafür zu sorgen, dass jede – ja, wirklich jede noch so besondere – Meinung sich in einem Ergebnis wiederfindet. Damit wäre dann Schluss, denn beim Machtausüben setzt sich die

Machtvollere bei den weniger Machtvollen mit ihrer Meinung durch.

Aber woran liegt es, dass Frauen nicht selbstbewusst bejahend auf die Frage nach der Macht antworten? Weil viele Frauen mit Macht etwas Negatives assoziieren, wie z. B.: „Macht zu haben heißt, zu manipulieren", „Macht bedeutet, über andere zu bestimmen", „Macht verhindert demokratische Prozesse". Nur wenige Frauen verbinden mit dem Wort Macht sofort eine positive Assoziation. Und wenn sie es tun, gelten sie häufig als unfein, als zu männlich und als oberflächlich. Das mag an der unterschiedlichen Sozialisierung und Erziehung von Frauen und Männern liegen. Privat und im familiären Kontext wird kaum jemand der Frau die Macht absprechen. Beruflich zeigen sich Frauen aber in anderen Rollen, wie z. B. die Leistungsträgerin, die gewissenhafte Arbeitsbiene und die Konfliktmanagerin.

Negative Glaubenssätze überwinden

Was also tun, wenn Sie merken, dass es Ihnen schwerfällt, berufliche Macht positiv zu besetzen? In einem ersten Schritt geht es darum, negative Glaubenssätze, die Sie blockieren, zu identifizieren.

Notieren Sie dazu bitte, welche negativen Assoziationen Ihnen zum Thema berufliche Macht einfallen.

1. _____
2. _____
3. _____

Wenn Sie nun diese blockierenden Gedanken überprüfen, fragen Sie sich: Woher kommen sie? Sind das Sätze, die Sie oft in Ihrer Kindheit oder Ausbildung gehört haben?

Oder gesellschaftliche Konventionen, die Sie übernommen haben? Es ist klar, dass Sie beruflich nicht weiterkommen, wenn Macht für Sie negativ besetzt ist. Ihr Ziel muss es also sein, diese negativen Glaubenssätze auf ihren Wahrheitsgehalt hin zu überprüfen und durch einen starken positiven Glaubenssatz zu ersetzen.

Positive Glaubenssätze stärken

Kommen wir zu der positiven Seite der Macht. Welche Glaubenssätze fallen Ihnen dazu ein? Macht zu haben könnte bedeuten, bestimmte Prozesse zu beeinflussen oder Arbeitsplätze zu sichern.

Notieren Sie als Nächstes bitte die positiven Glaubenssätze, die Ihnen zum Thema Macht einfallen.

1. _____
2. _____
3. _____

Sie sehen, es gibt auch viele positive Assoziationen zum Thema Macht. Da wir heute wissen, dass die Energie eines Menschen immer dahin fließt, wo die Person ihren Fokus setzt, haben Sie es in der Hand. Überlegen Sie, mit welchem Glaubenssatz Sie ab morgen Ihre Firma betreten wollen und ob Sie Macht ab sofort positiv besetzen. Hierzu sollten Sie immer Folgendes beachten:

Macht = Verantwortung übernehmen

Macht bedeutet nichts anderes, als Verantwortung im Unternehmen zu übernehmen – für andere Menschen und Mitarbeiter, für ein bestimmtes Budget oder für eine Idee.

Konzentration auf das Ziel, nicht auf den Begriff

Wie können Sie lernen, die Lust zu entwickeln, Verantwortung zu übernehmen? Indem Sie sich beruflich ein Ziel setzen, dass Sie gerne erreichen möchten. Und wissen, dass Machthaben nur ein Mittel ist, um Ihr Ziel zu erreichen.

Bitte überlegen Sie kurz, wie Ihr berufliches Ziel lautet, für das Sie Macht und Einfluss benötigen, um es zu erreichen.

1. _____
2. _____
3. _____

Statt zu überlegen, was sie beruflich eigentlich erreichen möchten, halten viele Frauen sich mit der akademischen Frage auf, ob Macht etwas Gutes ist und ob sie diese überhaupt ausüben möchten. Ob Sie gerne Macht ausüben oder nicht, können Sie doch nur in der Praxis ausprobieren. Mit dieser Erfahrung werden Sie schnell merken, ob der Preis, den Sie dafür zahlen müssen, für Sie stimmig ist oder nicht.

Verantwortungsvoll mit Macht umgehen

Eine wichtige weitere Erkenntnis ist es, dass es von Ihnen abhängt, wie Sie Macht und Verantwortung übernehmen. Erst der Einsatz von taktischen Mitteln, der zeigt, wie Sie die Macht ausüben, bestimmt darüber, ob Sie gut oder schlecht damit umgehen.

Um beruflich weiterzukommen, benötigen Sie ein positives Verhältnis zum Thema Macht. Machen Sie sich deutlich, dass Machthaben immer nur das Mittel zum Zweck ist – Sie also darin unterstützt, Ihr berufliches Ziel zu erreichen.

1.2 Sich mit den Entscheidern solidarisieren

Ein positives Verhältnis zur Macht ist die Basis, um beruflich weiterzukommen. Genauso wichtig ist es aber, Menschen um sich herum zu haben, die Sie in Ihrem beruflichen Weiterkommen unterstützen. Wer kann Sie in Ihrer beruflichen Karriere unterstützen? Die Menschen, die zu den Machtgebern in Ihrer Firma gehören. Daher ist es Ihre Aufgabe, herauszufinden, wer in Ihrem Bereich und im politischen System des Unternehmens insgesamt den Ton angibt und die Macht hat, eine Entscheidung zu treffen. Kurz gesagt, wer der sogenannte „Alpha" ist. Weder den Spezialisten (Beta) noch den Mitläufer (Gamma) sollten Sie unter machtpolitischen Gesichtspunkten fokussieren, sondern Alpha.

Alpha identifizieren

Alpha ist Entscheider und machtpolitische Größe in Ihrem Unternehmen. Üblicherweise ist das der Vorstandsvorsitzende oder Geschäftsführer. Manchmal kann es auch ein Kollege auf der zweiten Managementebene sein, der den Vorstand von unten führt. Lassen Sie sich also nie durch einen Titel auf der Visitenkarte blenden. Männer haben das Spiel schnell verstanden – willst du etwas werden, dann halte dich an Alpha. Andere Personen werden nur so lange berücksichtigt, wie man sie inhaltlich benötigt. Am deutlichsten kann man das in Meetings beobachten. Berichte immer direkt an Alpha und überzeuge ihn, dann hast du alle in der Tasche. Wer traut sich, Alpha zu widersprechen?

Ganz anders verhalten sich viele Frauen. Sie bekommen zwar auch tagtäglich mit, wer die Entscheidungen im Unternehmen fällt, sind aber weiterhin darum bemüht, alle Personen mit ins Boot zu holen. Da die meisten Frauen zusätzlich einen hohen Anspruch an sich selbst haben, fair, korrekt und transparent zu handeln, kann das dazu führen, dass sie Personen in ein Projekt oder eine Entscheidung integrieren, die zwar auf dem

Papier dafür auch zuständig sind, jedoch in der gelebten Praxis so gut wie kein Durchsetzungsvermögen in dem Unternehmen besitzen.

Notieren Sie bitte die Personen, die in Ihrer Abteilung bzw. in Ihrem Unternehmen unter die Kategorie Alpha fallen.

1. _____

2. _____

3. _____

Wenn Sie sich diese Liste nun ansehen, wie konsequent gehen Sie auf diese Personen im Unternehmen zu? Wie oft haben Sie mit diesen Machtgebern Kontakt?

Sich mit Alpha solidarisieren

Sie haben Alpha erkannt – das ist der erste Schritt. Nun geht es darum, Ihrem Machtgeber ein gutes Gefühl zu geben. Wen fördert bzw. befördert Alpha? Natürlich nur die Person, die sich mit ihm solidarisiert, sich loyal verhält und umgekehrt auch ihn in seiner Position und auf seinem Karriereweg unterstützt. Sie sollten also gut darauf achten, wie Sie sich Alpha gegenüber darstellen. Wenn Sie Ihren Fokus auf den fachlichen Inhalt legen und nicht bereit sind, unternehmenspolitische Faktoren in Ihre Entscheidung miteinzubeziehen, dann kann es sein, dass Sie oftmals anderer Meinung sind als Alpha. Politisch sinnvolles Verhalten kann manchmal auf Kosten Ihrer inhaltlichen Vorstellungen gehen. Damit meine ich nicht, dass Sie sich keine eigene Meinung mehr leisten können. Sie sollten nur überprüfen, wo und in welchem Maße sie bei Alpha angebracht ist, um weiterhin auf der „Zu fördern"-Liste zu stehen.

Welcher Persönlichkeitstyp ist Alpha?

Gleich und gleich gesellt sich gern. Versuchen Sie, den Persönlichkeitstypus Ihres Alpha zu verstehen. Der Analytiker liebt Zahlen, Daten und Fakten. Hier sollten Sie immer die entsprechenden Unterlagen, Ableitungen und Quellen dabeihaben. Er möchte das Problem und die Lösung ganz genau verstehen und auch die Pros und Kontras in die Entscheidung miteinbeziehen. Logik, kausale Zusammenhänge, Struktur und roter Faden sind bei ihm zu beachten. Halten Sie sich an Zeiten und Abläufe.

Driver sind Unternehmer im Unternehmen. Es gibt für sie keine Hürden oder Probleme, sondern nur Lösungen. Eine positive Rhetorik und eine schnelle Vorstellung von Lösungen sind hier entscheidend. Zu lange Ausführungen langweilen den Driver, den er hat grundsätzlich wenig Zeit. Er spricht gerne auf Augenhöhe und reibt sich auch hin und wieder mit seinem Gegenüber – solange er am Ende gewinnen kann. Macht äußert sich für ihn über Statussymbole, auf die er sehr achtet.

Der Teamplayer ist eigentlich kein geborener Alphatyp. Dennoch findet er sich hin und wieder in Führungspositionen und hat oftmals das Problem, nicht entscheiden zu können. Dieser Persönlichkeitstyp zieht es vor, in der Gruppe zu sein und Entscheidungen demokratisch zu fällen. Harmonie und gegenseitige Wertschätzung sind ihm wichtig. Zu schnelles oder rücksichtsloses Vorgehen sind ihm unangenehm.

Der Emotionale ist ein reiner Bauchmensch. Kreativ und voller Visionen führt er seine Abteilung. Er zeichnet sich oftmals durch großes Charisma und ansteckende Begeisterung aus. Allerdings sollte man von ihm nie einen roten Faden oder Details erwarten. Das ist nicht seine Welt. Begeistern Sie sich mit dieser Person und schneiden Sie ihm nicht zu schnell seine Visionen ab – auch wenn Sie merken, dass diese nicht umsetzbar sind.

Welchem Persönlichkeitstyp würden Sie Ihren Alpha zuordnen?

1. _____

2. _____

3. _____

Was können Sie zukünftig tun, um noch mehr auf diesen Typus einzugehen?

1. _____

2. _____

3. _____

Analysieren Sie, wer in Ihrem Unternehmen Alpha ist, also wichtige Entscheidungen treffen kann. Wenn Sie Alpha nicht auf Ihrer Seite haben, wird es kaum möglich sein, sich mehr Macht im Unternehmen zu erobern.

30

1.3 In das politische Firmenspiel einsteigen

Macht zu erhalten und Macht auszuüben geschieht immer in einem Kontext. Jedes Unternehmen, jede Behörde und auch jede Abteilung hat ihre eigene Struktur und ihre eigene Firmenpolitik. Wenn Sie im Unternehmen weiterkommen möchten, müssen Sie die Spielregeln der Macht erkennen und sich an diese halten. Denn sie bilden das Grundgerüst, den Bauplan des Unternehmens. Das ist eine weitere Hürde für die meisten Frauen. Zwar verstehen sie meistens, wie die interne Firmenpolitik abläuft. Sie sind aber nicht bereit, die internen Spielregeln zu beachten, weil sie diese oftmals als unmoralisch abwerten und nicht glauben können, dass Spielregeln einzuhalten wichtiger ist, als Leistung zu zeigen.

Da berufliches Weiterkommen zu 60 Prozent von der eigenen Bekanntheit im Unternehmen abhängt, sollten Sie sich gut überlegen, wofür Sie bekannt sein möchten. Als diejenige, die sich nicht an interne Firmenspielregeln hält und immer versucht, neue zu etablieren, oder als die Person, die taktisch geschickt an dem Spiel teilnimmt. Wenn alle Monopoly spielen, Sie es aber unmoralisch finden, dass die Männer Hotels auf der Schlossallee bauen, und Memory vorschlagen, müssen Sie sich nicht wundern, wenn Sie nicht mitspielen dürfen.

Die Spielregeln erkennen

Im ersten Schritt geht es darum, die Spielregeln in Ihrem Unternehmen bzw. in Ihrer Abteilung zu verstehen. Interessant sind dabei besonders die Regeln im Kreis der machtvollen Alphamenschen.

Typische Spielregeln von Unternehmen sind z. B., Alpha über Erfolge zu unterrichten, an definierten Managementkreisen teilzunehmen, ehrenamtliche Positionen zu bekleiden, sich an speziellen Statussymbolen zu orientieren, eine bestimmte Rhetorik zu praktizieren, Mitarbeiter in einem vorgegebenen Stil zu führen etc.

Welche Spielregeln müssen in Ihrem Unternehmen eingehalten werden, um weiterzukommen?

1. _____
2. _____
3. _____

Halten Sie sich an diese Regeln? Und wenn nicht, warum verstoßen Sie gegen Machtregeln, obwohl Sie diese erkannt haben? Vielleicht hängt es mit Ihrem inneren Wertesystem zusammen. Die Regeln widersprechen Ihren inneren Überzeugungen. Dann müssen Sie sich Folgendes überlegen: Schaffe ich es (und möchte ich es auch), meine beruflichen Werte von meinen privaten zu trennen bzw. beruflich etwas andere Maßstäbe zu setzen (dazu später mehr)? Und wenn nicht, gibt es ein Unternehmen mit anderen Spielregeln, die besser zu meinen inneren Werten passen? Oder ist die Selbstständigkeit eine Möglichkeit für mich, meine eigenen Regeln zu formen und zu leben?

Spaß am Spielen haben

Spielregeln halten Sie dauerhaft nur dann ein, wenn Sie das Ganze auch als Spiel betrachten. Die manchmal fragwürdigen Spielzüge oder auch Niederlagen bei Monopoly oder bei Mensch ärgere dich nicht ertragen wir, weil es sich eben nur um ein Spiel handelt und wir nicht jede Regel auf die Goldwaage legen.

Ich möchte Ihren Job nicht als Spiel abwerten bzw. Sie dadurch Ihrer Pflicht entbinden, auch moralische und ethische Gesichtspunkte in Entscheidungen miteinzubeziehen. Es ist aber erkennbar, dass Männer sich vielfach leichter damit tun, Spielregeln im Job einzuhalten, als Frauen das möglich ist. Männer lernen schon als Kind, dass es ums Kämpfen geht. Und dass es erstrebenswert ist, als Gewinner hervorzugehen. Frauen sind meistens auf Kooperation sozialisiert, sodass es ihnen grundsätzlich deutlich schwererfällt, Gewinner- und Verliererspiele im Job mitzugestalten. Zusätzlich läutet bei Frauen schneller das moralische Glöckchen im Kopf, das immer wieder die Frage nach dem Sinn einer Handlung stellt. Und viele der praktizierten Businessspiele schaffen es bei Frauen nicht, das Moraltor im Kopf zu durchschreiten. Eine Wärterin sorgt dafür, dass gewisse Handlungen einfach nicht vorgenommen werden können. Das Ganze wird nicht als Spiel, sondern als ernsthafte Verpflichtung, etwas in der Welt mitzugestalten, gesehen. Das ist auch nachvollziehbar, es macht im Verhältnis zu Männern es aber Frauen unendlich schwer, mitzuspielen.

Eines ist klar: In Unternehmen geht es um Umsatzsteigerung und Gewinnmaximierung. Alle anderen Handlungen sind Mittel zum Zweck, diese Ziele zu erreichen. So schwer die Erkenntnis auch fällt.

Privat- und Geschäftsperson voneinander trennen

Wie gelingt es, Spaß an Businessspielen zu entwickeln? Indem man die Geschäfts- und Privatperson voneinander trennt. Das bedeutet nicht, dass Sie wie Jekyll und Hyde zwei unterschiedliche Persönlichkeiten leben sollen, denn dann wären Sie nicht mehr authentisch. Aber es geht darum, seine innere Teammannschaft privat und beruflich so aufzustellen, dass sie den alltäglichen Anforderungen begegnen kann. Ehrlichkeit und Fairness sind wichtige Werte. Wer diese im Berufsalltag aber zu sehr in den Vordergrund stellt, wird oftmals den Kürzeren ziehen.

Mit welchem inneren Team gehen Sie morgens zur Arbeit, um das Spiel mitgestalten zu können? Welche Figur bzw. Person gehört dazu?

1. _____

2. _____

3. _____

Welches Ritual können Sie etablieren, um sich klarzu-machen, dass Sie morgens vor dem Job Ihr privates gegen das berufliche innere Team austauschen? Die Spielerin, die beruflich weit nach vorne muss, haben Sie sicherlich auch in sich. Die Moralpredigerin oder die Bewerterin kann sich beruflich etwas ausruhen und sollte einen hinteren Platz einnehmen. Sonst stört sie permanent und macht es Ihnen unglaublich schwer, Ihre Spielregeln einzuhalten.

Jedes Unternehmen besitzt seine eigenen Spiel-regeln. Wenn Sie weiterkommen möchten, dann sollten Sie sich an diese halten. Trennen Sie Privat- und Geschäftsperson, überlegen Sie sich, mit welchem inneren Team Sie den Berufsalltag bestreiten möchten.

1.4 Gehalt regelmäßig verhandeln

Die Gehaltserhöhung ist eine Holschuld. Wenn Sie diese nicht einfordern, werden Sie keine großen Gehaltser-höhungen bekommen. Die Höhe des Gehaltes ist ein Statussymbol. Je höher Ihr Gehalt, desto einflussreicher und wichtiger sind Sie für das Unternehmen. Wenn Sie weiterkommen möchten, muss es Ihr Ziel sein, Ihr Gehalt regelmäßig zu steigern. Was Sie mit dem Geld letztendlich anfangen und ob Sie es für Ihr Leben brauchen oder spenden möchten, bleibt Ihnen überlassen.

Woran liegt es, dass Frauen deutlich weniger verdienen als Männer? Zum einen arbeiten Frauen häufig in Abteilungen, die nicht zu den bestbezahlten im Unternehmen zählen. Und sie verhandeln nicht konsequent, sondern geben sich mit wenig zufrieden. Insgeheim denkt die eine oder andere Frau, dass ihr Chef schon wissen wird, was sie wert ist, und sie fair behandelt. Dass diese Rechnung in den meisten Fällen nicht aufgeht, liegt auf der Hand.

Die Schlechterstellung im Gehalt fängt schon mit dem Anfangsgehalt an. Frauen pokern im Einstellungsgespräch deutlich weniger als Männer. Zum einen denken viele Frauen, dass der Arbeitgeber ihnen ein adäquates Gehalt anbietet. Zum anderen ist die Höhe des Gehaltes für Frauen nicht das ausschlaggebende Moment, sich für oder gegen einen Job zu entscheiden. Wenn die Basisbezahlung stimmt, dann ist für sie die inhaltliche Herausforderung das treibende Moment. Anders ist das bei Männern – hier ist die Höhe des Gehaltes ein entscheidendes Kriterium, da Gehalt für sie ein Statussymbol ist. Auch in den Folgejahren verpassen die meisten Frauen, sich um ihr Gehalt zu kümmern. Sie meinen, dass sich ihre Leistung schon durchsetzen und der Arbeitgeber sicher ganz von allein auf sie zukommen und eine Steigerung anbieten wird. Ringt sich eine Frau dann aber endlich dazu durch, ihr Gehalt nachzuverhandeln, dann ist sie entweder inhaltlich schlecht vorbereitet oder verwendet so viele Konjunktive und sonstige rhetorische Weichmacher, dass der Vorgesetzte sie nicht ernst nimmt.

Stellen Sie sich bitte die folgende Frage: Wann haben Sie das letzte Mal Ihr Gehalt verhandelt? Wissen Sie, wie Ihre Position in vergleichbaren Firmen vergütet wird? Und wenn ja, wo stehen Sie dort? Wenn Sie nicht wissen, wie viel Sie derzeit auf dem Arbeitsmarkt wert sind, dann sollten Sie sich auf jeden Fall darüber informieren. Es gehört zu Ihrer Pflicht im Karrieremanagement, Ihren eigenen Wert zu kennen. Und zwar nicht nur inhaltlicher Art, sondern auch monetär gesehen.

Gehalt als Statussymbol

Vielleicht reicht Ihnen Ihr jetziges Gehalt ja aus – wunderbar! Sie sollten aber nicht die Bedeutung der Höhe des Gehaltes unterschätzen. Die Höhe des Gehaltes ist – wie das Firmenfahrzeug, der Titel auf der Visitenkarte etc. – ein Statussymbol, das zeigt, wie viel Macht man im Unternehmen besitzt. Und wenn Sie im Unternehmen weiterkommen möchten, dann ist es wichtig, dass Sie regelmäßig um eine Gehaltserhöhung kämpfen. Sonst wird man Sie in Ihren Ambitionen, weiter nach oben zu kommen, nicht ernst nehmen. Dabei geht es nicht nur um das Fixgehalt, genauso wichtig sind der variable Anteil, die Prämie, die ausgeschüttet wird, ein Mitarbeiterbeteiligungsprogramm und das ein oder andere Incentive. Hierzu zählen Firmenwagen, Ausbildungen, Mitgliedschaften, Titel auf der Visitenkarte und alles, was in Ihrem Unternehmen zum Statuszeigen dazugehört.

Wie Sie sich auf eine Gehaltsverhandlung vorbereiten

Bereiten Sie sich immer professionell auf eine Gehaltsverhandlung vor. Überlegen Sie zunächst, wer die richtige Ansprechperson im Unternehmen ist. Oftmals redet sich der Vorgesetzte heraus und verschiebt die Verantwortung nach oben. Dann sollten Sie ein Gespräch zu dritt einfordern.

Fassen Sie die wichtigsten Punkte Ihrer Tätigkeiten und Ihre Erfolge zusammen. Versuchen Sie diese mit harten Zahlen zu belegen. Haben Sie Umsatzsteigerungen oder Gewinnmaximierungen erwirkt? Kosten reduziert? Neue Kooperationen geschlossen? Auch wenn Sie nicht direkt am Umsatz beteiligt sind, überlegen Sie genau, was Ihr Beitrag ist.

Aber damit ist es nicht getan. Denn für die Erfolge aus der Vergangenheit hat Ihr Vorgesetzter schon gezahlt. In einem zweiten Schritt geht es darum, ihm klar aufzuzeigen, wo Sie weitere Ziele in der Zukunft sehen und an welchen Zahlen Sie sich hier messen lassen wollen. Dabei muss der Mehrwert für das Unternehmen immer erkennbar sein.

Gehen Sie dann mit einer konkreten gehaltlichen Zielgröße in das Gespräch und beginnen Sie immer mit einer Forderung plus Verhandlungsmasse. Wenn Sie gleich Ihren tatsächlichen Gehaltswunsch äußern, werden Sie verlieren. Ihr Vorgesetzter wird davon ausgehen, dass das Ihre maximale Forderung ist, die aber noch verhandelbar ist. Lassen Sie sich nicht hinhalten und vertrösten, sondern fordern Sie konkrete, möglichst auch schriftlich festgehaltene Vereinbarungen ein.

Parallel zu der Gehaltsvereinbarung sollten Sie regelmäßig Ihrem Vorgesetzten zeigen, dass Sie bereit sind, weitere Verantwortung zu übernehmen. Machen Sie ihm deutlich, was Sie sich beruflich vorgenommen haben.

Achten Sie darauf, Ihr Gehalt regelmäßig nachzuverhandeln. Sprechen Sie nur mit den Entscheidern und skizzieren Sie Ihre messbaren Erfolge in der Vergangenheit sowie zukünftige Pläne. Fixieren Sie verbindliche Absprachen und stellen Sie Ihre Karriereziele klar dar!

1.5 Mut zum Wechsel

Frauen finden sich immer wieder in ähnlichen Berufen und Funktionen wieder. Sie sorgen und kümmern sich und mischen meistens in den Abteilungen mit, wo es nicht wirklich ums Geldverdienen geht. Sie arbeiten in der Administration, Buchhaltung, im Personalwesen, Marketing und in der Presseabteilung. Bereiche, in denen Karriere gemacht wird, werden meistens beim

Einstieg nicht strategisch mitbetrachtet. Vertrieb, Produktion, Einkauf oder auch die strategische Tätigkeit in einer Auslandstochter seien als Beispiele genannt. Oftmals ist es für den nächsten beruflichen Schritt wichtig, die Abteilung oder auch die Firma zu wechseln. Und hier liegt eine weitere Karrierehürde für Frauen. Die meisten sind sehr loyal und hängen an ihrem Arbeitsplatz und an ihren Kollegen. Zugunsten des Bleibens verzichten sie auf den nächsten Karriereschritt und verpassen die Chance, sich weiterzuentwickeln.

In welcher Abteilung arbeiten Sie?

In jedem Unternehmen gibt es machtvolle und weniger machtvolle Abteilungen. Neben der grundsätzlichen Tendenz, dass der Vertrieb immer ein starkes und z. B. Personal immer ein eher schwächeres Standing hat, hängt es von der Branche und auch dem persönlichen Werdegang der leitenden Personen im Unternehmen ab, wie welcher Bereich eingestuft wird.

Es gibt zwei mögliche Wege. Die erste Möglichkeit: Sie engagieren sich besonders stark für einen Bereich, der nicht im Fokus der Macht steht, und haben daher deutlich weniger (männliche) Konkurrenz. Es ist einfacher, an die Spitze einer solchen Abteilung zu gelangen, weil die meisten Männer die „richtige" Macht wollen. Beispiele für Abteilungen, die nicht im Machtzentrum stehen, sind z. B. Personalmanagement, Personalentwicklung, Buchhaltung, Rechnungswesen. Also Abteilungen, die keinen direkten eigenen Umsatz machen und eher als interne Dienstleister auftreten. Diese Abteilungen mischen in den seltensten Fällen politisch ganz oben mit. Anders dagegen Bereiche wie z B. Vertrieb, Business Development, Produktion, Einkauf und Recht. Da sich diese Abteilungen mit dem Kerngeschäft der meisten Unternehmen beschäftigen, werden hier wichtige und machtvolle Jobs vergeben. Hier finden sich die Menschen im Unternehmen wieder, denen es um den entsprechenden Status geht, und die männliche Konkurrenz ist deutlich höher.

Die zweite Möglichkeit: Sie entscheiden sich ganz bewusst dafür, in die Machtzentren zu wechseln. Zwar bekommen Sie so mehr Konkurrenz, haben aber auch die Chance, eines Tages ganz nach oben in den Vorstand zu rutschen. Wenn Sie in die Geschäftsleitung möchten, sollten Sie in einer Abteilung gearbeitet haben, die direkt für den Umsatz im Unternehmen verantwortlich ist. Sie können zwar auch aus dem Personalwesen in den Vorstand kommen (beachten Sie dazu die Historie des Hauses), in den meisten Fällen ist es aber aus den weniger machtvollen Positionen heraus schwerer.

Analysieren Sie genau die Struktur Ihres Unternehmens. Wenn Sie dort Karriere machen möchten, sollten Sie wissen, welchen inoffiziellen Weg die Geschäftsleitung geht, um eines Tages ganz oben zu landen.

Bitte überlegen Sie, welche Abteilungen die Kollegen bei Ihnen durchschritten haben, die befördert wurden – gibt es ein klassisches Muster?

_____

_____

_____

Was ergibt sich daraus für Ihren nächsten Karriereschritt? Sollten Sie in der Abteilung bleiben oder in einen anderen Bereich wechseln?

_____

_____

_____

Grundsätzlich gilt – trauen Sie sich als Frau in die
Machtzentren vor. Mischen Sie im Vertrieb mit, gehen
Sie in die Produktion etc.

Sind Sie in der richtigen Firma?

Um weiterzukommen, brauchen Sie eine Firma, die Sie
unterstützt. Auch wenn man heute oftmals vorschnell
davon ausgeht, dass doch jedes Unternehmen im Kampf
um die besten Mitarbeiter auch für Frauen, die weiterkommen möchten, offen sein sollte, stellt man schnell
fest, dass dem nicht so ist. Zumindest dann nicht, wenn
es um die Vergabe von Managementpositionen geht. Ob
dem so ist oder nicht, ist von außen nicht immer zu erkennen. Das Fehlen von Frauen im Topmanagement
kann auch ein Zeichen dafür sein, dass noch keine Frau
in dieser Firma sich diesen Weg geebnet hat. Gerade bei
sehr technisch ausgerichteten Unternehmen fehlt es
schon an weiblichen Absolventinnen. Frauenförder-

programme stehen nicht per se dafür, dass das Unternehmen auch für mächtige Frauen in den ersten Etagen bereit ist. Hier empfiehlt es sich, gut zu prüfen, ob es sich um ein allgemeines Marketinginstrument handelt, das gerade die Marktstimmung aufnimmt, oder ein ernst zu nehmender Versuch ist, Frauen zu fördern.

Um beruflich weiterzukommen, benötigen Sie ein positives Verhältnis zum Thema Macht. Stärken Sie sich Ihren positiven Glaubenssatz. Analysieren Sie, wer in Ihrem Unternehmen wichtige Entscheidungen treffen kann, und bleiben Sie im engen Kontakt mit ihm. Halten Sie sich an die internen Spielregeln und trennen Sie Privat- und Geschäftsperson. Achten Sie darauf, Ihr Gehalt regelmäßig nachzuverhandeln und skizzieren Sie Ihre messbaren Erfolge in der Vergangenheit sowie zukünftige Pläne. Fixieren Sie Ihre nächsten Karriereziele im Unternehmen. Wenn es nicht weitergeht, dann wechseln Sie die Abteilung bzw. Firma.

30 MINUTEN

2. Starke Kommunikation und Präsenz

Was nützen Ihnen Ihre Fachkenntnisse und erfolgreiche Projekte, wenn Sie nicht in der Lage sind, diese auch eindrucksvoll rüberzubringen?

Der bewusste Einsatz von Körpersprache und Stimme ist ein Erfolgsgarant, auf den Sie nicht verzichten können. Erst der Einsatz dieser Werkzeuge macht Ihren Inhalt brillant und Sie unverwechselbar. Aber das alleine reicht nicht! Natürlich ist es ebenso wichtig und entscheidend, dass Sie in der Lage sind, sich klar und deutlich auszudrücken und dem anderen eine klare Struktur zu präsentieren. Und seien Sie auf der Hut – nicht selten höre ich Frauen darüber sprechen, wie ein Kollege ihnen eine gute Idee quasi vor der Nase weggeschnappt hat und diese als seine eigene verkauft hat. Frauen warten zu lange, bis sie etwas präsentieren. Und getreu dem Motto „Tue Gutes und rede darüber" sollten Sie lernen, immer wieder von Ihren Erfolgen und Ideen an geeigneter Stelle zu berichten. Storytelling ist nicht zu unterschätzen – genauso wie Statussymbole, die dazugehören, um im Beruf Erfolg nach außen zu repräsentieren!

2.1 Körpersprache erfolgreich einsetzen

Wie treten Sie stark auf? Der US-amerikanische Psychologe Albert Mehrabian hat festgestellt, dass Menschen durch folgende Faktoren beim Gegenüber wirken:

- 55 Prozent Körpersprache
- 38 Prozent Stimme
- 7 Prozent Inhalt

Verbale und nonverbale Kommunikation sind also von ganz entscheidender Bedeutung bei Ihrem Auftritt. Dass Sie inhaltlich etwas bieten müssen, ist klar – ohne Inhalt kein Auftritt. Er kommt beim Gegenüber aber erst dann auch stark an, wenn Sie ihn durch klare Körpersprache und Stimme transportieren.

Die ersten 3 Sekunden

Sie haben ca. 3 Sekunden Zeit, einen starken ersten Eindruck beim anderen zu hinterlassen. Wenn Sie das Büro Ihres Chefs oder Kollegen betreten, überprüft dieser unbewusst, ob er Sie ernst nehmen kann. Bevor Sie das erste Wort formulieren konnten, studiert er Ihre Mimik, Gestik, Haltung, Ihren Stand und Ihren Rhythmus. Diese Signale setzt er zusammen und ordnet Sie dann entweder in die Schublade „Die hat etwas zu sagen" oder „total uninteressant" ein.

Mimik und Gestik

Frauen neigen dazu, immer freundlich lächelnd auf den anderen zuzugehen. Grundsätzlich ist dagegen nichts einzuwenden, da eine offene Mimik Souveränität verkörpert. In schwierigen Gesprächen oder auch beim Taktieren um Macht ist das Aufsetzen eines Pokerface aber die bessere Wahl. Durch diese Maske zeigen Sie nicht, wie Sie zu einer Sache stehen – und das verunsichert die andere Person. Da es den meisten Frauen wichtig ist, von ihrem Gegenüber gemocht zu werden, fällt es ihnen extrem schwer, die Mimik zu verändern, insbesondere unbeteiligt oder auch mal grimmig zu gucken.

Ein weiteres Zeichen von Stärke ist der direkte Blickkontakt. Schauen Sie Ihrem Gegenüber in die Augen und halten Sie seinem Blick stand. Sie kennen das Spiel, wer zuerst wegguckt, hat verloren. Viele Frauen lassen sich durch den Blickkontakt von Männern verwirren und aus dem Takt bringen.

Schwache Mimik	Starke Mimik
Immer ein Lächeln auf den Lippen	Variabel, auch mal Pokerface
Aus dem Blickkontakt gehen	Den Blick erwidern und ihm standhalten
Auf den Lippen kauen	Geschlossener Mund

Die Gestik unterstreicht die Bedeutung Ihrer Aussage. Erst durch den Einsatz der Hände und Arme wird Ihre

Präsentation lebendig. Der Ausgangspunkt der Gestik ist die neutrale Haltung. Arme und Hände hängen seitlich am Körper nach unten und werden beim Sprechen nicht eingesetzt. Diese Gestik kann man bei Politikern oder auch Nachrichtensprechern gut beobachten. Diese Personen müssen eine Nachricht ohne Bewertung transportieren. Eine ausladende und aktive Gestik würde Akzente setzen und die eigenen Emotionen zeigen, was unpassend wäre. Wissen Sie bei der Begrüßung noch nicht, wie Sie zu einer Person oder einem Thema stehen, dann ist die neutrale Gestik genau richtig. Viele Frauen neigen aber dazu, die Arme und Hände auch während des Gesprächs oder der Präsentation dort verharren zu lassen. Wenn Sie Ihre inhaltliche Position zu einem Thema gefunden haben, dann setzen Sie Ihre Arme und Hände gezielt ein, um den einen oder anderen Punkt besonders hervorzuheben. Ansonsten halten Sie sich aber mit Gestik eher zurück, drehen Sie also nicht an Ihren Ringen oder Haaren und lassen Sie die Hände aus dem Gesicht, denn all das zeigt Unsicherheit. Das gilt auch für das Herumspielen mit Stiften oder sonstigen Gegenständen.

Schwache Gestik	Starke Gestik
Neutrale Haltung	Einsatz von Armen und Händen
Hände vor der Brust verschränkt	Offene Handflächen zeigen

Arme hinter dem Körper verschränkt	Hände vor dem Körper
Hände fassen ins Gesicht	Hände auf dem Tisch oder Pult
Spielen mit Stiften und Ringen	Keine Gegenstände in den Händen

Körperhaltung und Stand

Auch Körperhaltung und Stand werden wahrgenommen. Typische Körperhaltung bei Frauen: runde, nach vorne gezogene Schultern kombiniert mit gesenktem Blick. Gerade große Frauen machen sich dadurch klein(er). Die Füße stehen sehr dicht beieinander und hohe Absätze sorgen für einen wackeligen Bodenkontakt.

Also, wie sehen eine gute Haltung und ein solider Stand aus? „Brust raus, Schultern zurück" – so lautet ein altes Sprichwort. Versuchen Sie, gerade zu stehen, und vermeiden Sie sowohl Überspannung als auch Unterspannung (eine besonders legere und muskelentspannte Haltung). Beides zeugt von wenig Souveränität.

Schwache Körperhaltung	Starke Körperhaltung
Eingefallene, runde Schultern	Gerader und aufrechter Stand
Über- oder Unterspannung	Leichte, kontrollierte Anspannung

Ein starker und präsenter Stand zeichnet sich durch eine gute Bodenhaftung aus. Dafür benötigen Sie nicht

Konrads Spezialkleber. Überlegen Sie gut, ob Sie auf hohen Absätzen gut gehen und stehen können. Schulterbreiter Stand oder Stand- und Spielbein (auf dem Standbein lastet Ihr Gewicht) – beides zeugt von Präsenz. Letzteres wirkt etwas salopper, sollte also zum Anlass passen.

Schwacher Stand	Starker Stand
Füße zu eng beieinander	Schulterbreiter Stand
Wippen mit den Füßen	Solider Stand, wenig Bewegung
Kein richtiger Bodenkontakt	Boden als Standfläche nutzen

Rhythmus

Das letzte körpersprachliche Signal, das wahrgenommen wird, ist der Rhythmus. Viele Frauen trauen sich nicht, Raum für sich in Anspruch zu nehmen. Daher wird eine Ansprache oder Präsentation so kurz wie möglich gehalten und das Tempo kräftig angezogen.

Menschen zeigen Status und Wichtigkeit, indem sie sich weder zu schnell noch zu langsam bewegen. Damit ist sowohl das Bewegungs- als auch das Sprechtempo gemeint. Schreiten Sie also durch den Raum, anstatt wild hin und her zu laufen oder nur an einer Stelle zu verharren.

Sie wirken auf andere vor allem über Ihre Körpersprache und Ihre Stimme. Da Ihr Gegenüber in den

ersten 3 Sekunden entscheidet, ob Sie etwas zu sagen haben oder nicht, sollten Sie die Elemente in den Vordergrund rücken, die Sie stark machen.

2.2 Kräftige Stimme für starken Inhalt

Kommen wir zu Ihrem zweiten Transportmittel – Ihrer Stimme.

Laut und deutlich sprechen

Viele Frauen trauen sich nicht, laut zu sprechen. Aus dem Mund kommen leise, kaum hörbare Wortbeiträge heraus, die im wahrsten Sinne des Wortes „überhört" werden. Frauen ist es abtrainiert worden, sich Stimme zu verschaffen, da es als unweiblich angesehen wird. Im Job stellen Sie aber schnell fest, dass Sie sich ohne eine laute Stimme keinen Redeanteil erkämpfen können. Stimme hängt unmittelbar mit der Körperhaltung und der richtigen Atmung zusammen. Nur wer gerade steht, den Körper als Resonanzboden einsetzt und die Stütze nutzt, kann klanglich Raum füllend sprechen.

Die einfachste und auch preiswerteste Art, daran zu arbeiten, ist der Besuch eines Chors. Hier wird permanent an der Atmung und Stimme gearbeitet. Einen ähnlichen Effekt hat das Erlernen eines Blasinstruments. Wem das nicht liegt, der kann z. B. an der VHS Kurse zu Stimme und Atmung buchen oder sich einen Stimmcoach nehmen. Mittlerweile gibt es auch viele CDs auf dem Markt, die einzelne Sprech- und Atemübungen vorgeben und mit denen man autodidaktisch weitertrainieren kann.

Helfen alle diese Übungen nicht, dann sollten Sie sich die Frage stellen, ob Sie ein inneres Verbot – einen sogenannten hemmenden Glaubenssatz – mit sich herumtragen. Vielen Frauen ist durch Erziehung abtrainiert worden, laut und deutlich zu sprechen. Sollten Sie so etwas feststellen, dann ist es Zeit, mit einem Personal Coach diesen Blockaden entgegenzutreten.

Akzentuierung und Intonation

Laut zu sprechen, reicht allein nicht aus. Gute Rhetoriker tragen nicht immer sehr laut, sondern manchmal sogar sehr leise vor. Wie ist das möglich? Weil sie sich über eine gute Intonation und Akzentuierung das Gehör der Zuhörer erarbeitet haben.

Frauen sprechen oft wenig akzentuiert und zu schnell, reihen die Sätze aneinander und setzen am Ende des Satzes keinen Punkt. Heraus kommen Lampionsätze, bei denen man verzweifelt nach einem Punkt sucht und keine Atem- und Verschnaufpause hat.

Jeder Redebeitrag sollte einer inneren Dramaturgie folgen. Was unterscheidet einen guten Krimi von einem schlechten? Der gute besitzt einen Spannungsbogen: Einleitung, Hauptteil, Schluss. Machen Sie sich am Anfang deutlich, was die Kernaussage Ihres Statements ist und mit welchen Argumenten Sie die anderen überzeugen möchten. Wichtiges wird besonders betont und hervorgehoben. Zum Beispiel über

- laut und leise,
- schnell und langsam.

Nach wichtigen Sätzen folgen ein Punkt, das Herabsenken der Stimme und eine Pause. Das gibt dem Zuhörer die Möglichkeit, den Inhalt gedanklich zu erfassen. Zur Kontrolle können Sie sich selbst auf einem Tonband bzw. MP3-Player aufnehmen. Nehmen Sie Ihre Kernaussagen wahr?

Um Worte klar und deutlich aussprechen zu lernen, gibt es die Korkentechnik. Sie nehmen den Korken einer guten Weinflasche in den Mund und sprechen Ihren Text.

Um auch Ihrer Stimme Stärke zu verleihen, sollten Sie laut und akzentuiert sprechen und Intonationen einbauen. Vermeiden Sie Aneinanderreihungen und Lampionsätze. Gestalten Sie jeden Vortrag nach einem eigenen Regiebuch.

30

2.3 Reden Sie Klartext

Warum reden Frauen so selten Klartext? Weil sie glauben, nur dann den Mund aufmachen zu dürfen, wenn sie zu 120 Prozent sicher sind, dass sie das Richtige abliefern. Oder weil sie sich gerne in der Gruppe unter-

ordnen und die anderen – die an dem Ergebnis mitge-
arbeitet haben – nicht benachteiligen möchten.

Rhetorische Killer

Die sogenannten Weichmacher und das Sprechen in
der dritten Person sind die häufigsten rhetorischen
Fehler, die Frauen in eine Präsentation einbauen.
Weichmacher sind Konjunktive wie „müsste", „hätte"
oder auch „könnte", die eine Aussage sofort relativieren. Genauso Worte wie „eigentlich", „normalerweise",
„wahrscheinlich".

Ein Satz wie „Wahrscheinlich könnten wir unseren ge-
planten Umsatz steigern" hat eine komplett andere
Wirkung als „Wir werden den Umsatz steigern". Da
Frauen sich oftmals einen Fehlerpuffer einbauen, ist
die relativierende Sprache an der Tagesordnung. Ganz
anders bei Männern. Sie liefern Ergebnisse auch schon
bei 40-prozentiger Leistung ab.

Ab wann erlauben Sie sich, klar und deutlich einen
Wortbeitrag in einer Diskussion beizusteuern? Wie sicher müssen Sie sich prozentual sein?

_____

_____

Beobachten Sie sich in einem der nächsten Meetings
selbst. Wie oft relativieren Sie Ihre Aussagen?

_____

_____

Zusätzlich distanziert kommen Aussagen in der dritten Person rüber. Statt „Ich" oder „Wir" wird die Form „Man" verwendet. Statt „Ich werde das Problem lösen" folgt der Satz „Man sollte sich der Sache annehmen".

Prüfen Sie in einem Ihrer nächsten Gespräche: Sprechen Sie in der dritten Person oder in Ich- oder Wir-Form?

_____

_____

So rücken Sie sich ins rechte Licht

Nicht nur Stimme und Rhetorik sind wichtig, um sich in das rechte Licht zu rücken, sondern auch die Platzwahl in einem Meeting und die Platzierung im Ablaufplan. Wenn Sie möchten, dass Ihr Vortrag bei den anderen auf Gehör stößt, dann sollten Sie sich machtvoll platzieren. Der machtvollste Platz ist neben Alpha. Denn wer sich neben ihn setzen darf, wird als Verbündeter eingestuft. Sitzen Sie im Raum immer mit dem Rücken zum Fenster, damit Sie das Licht nicht blendet, und mit Blick zur Tür. Achten Sie darauf, wer sich wie in einem Meeting setzt und ob Sie diese Strukturen wiedererkennen.

Bei einem Vortrag ist es besser, nach vorne zu gehen und im Stehen zu präsentieren. Das zeugt von Selbstbewusstsein. Und sprechen Sie nie als letzte Vortragende, wenn alle schon erschöpft sind. Bei einem Tagesmeeting sollten Sie sich nicht nach dem Mittagessen platzieren, wenn alle dabei sind, ihr Essen zu verdauen.

30 *Wenn Sie Ihren Inhalt klar transportieren möchten, dann vermeiden Sie Weichmacher wie z. B. Konjunktive oder das Sprechen in der dritten Person. Setzen Sie sich so nah an Alpha, wie es geht, und zeigen Sie Selbstbewusstsein, indem Sie stehend von vorne präsentieren. Sprechen Sie nie nach der Mittagspause oder am Ende des Meetings, dieses sind die schlechtesten Zeiten, um Aufmerksamkeit zu erhalten.*

2.4 Ideen selbst verkaufen

Eine weitere klassische Karrierefalle ist die Weitergabe von Arbeitsergebnissen an Dritte. Frauen erarbeiten sich genauso schnell kommunizierbare Arbeitsergebnisse wie Männer. Da sie aber erst Ergebnisse präsentieren, wenn sie zu 100 Prozent sicher sind, dass diese auch richtig sind, laufen ihnen Männer häufig den Rang ab.

Jede von uns kennt die Situation. Man sitzt im Meeting und möchte sein Teilergebnis oder eine neue Idee noch nicht vorschlagen, weil sie noch nicht durchdacht genug sind. Ein männlicher Kollege sieht das aber anders, hat auf dem Flur ein paar Wortfetzen von Ihnen aufgeschnappt und bringt diese in das Meeting ein. Sie schäumen innerlich vor Wut, wie er so dreist sein kann, Ihre Idee zu klauen. Aber Ihr Kollege bekommt dafür den Applaus und den Auftrag, dieses umzusetzen. Und wenn es ganz schlecht läuft, wählt dieser Kollege als

Projektleiter Sie dazu aus, ihm als Mitarbeiterin in dem Projekt zur Verfügung zu stehen.

Was hat Sie daran gehindert, die Idee selbst vorzustellen? Ihr eigener Anspruch an sich selbst, erst dann zu sprechen, wenn Sie genau wissen, wovon Sie sprechen. Wenn Sie sich hier wiedererkennen, gibt es für Sie nur zwei Möglichkeiten, die Situation zu verändern. Entweder achten Sie zukünftig darauf, keine Informationen und Ideen nach außen zu geben. Was kaum möglich sein wird, da es im Unternehmen wichtig ist, sich gegenseitig auszutauschen, um gemeinsam voranzukommen. Und je weniger Sie bereit sind, in einem Team zusammenzuarbeiten, desto mehr werden Sie von Ihrem Vorgesetzten kritisiert.

Oder Sie lernen, Ihren Anspruch an sich selbst und Ihre Projektergebnisse herunterzuschrauben. Warum immer den Anspruch haben, eine neue Idee bis in das kleinste Detail durchzudenken und alle Bedenken vorab auszuräumen? Das kann viel Zeit kosten und bis dahin ist diese neue Idee irgendwo durchgesickert, jemand anders verkauft sie und erhält dafür die Lorbeeren.

Überlegen Sie bitte kurz, was Sie zukünftig tun können, um schneller und mit weniger Anspruch an Perfektion Ihre Projektergebnisse und Ideen darzustellen.

_____

_____

30 *Überprüfen Sie Ihren Drang nach Perfektionismus. Wenn Sie nur nach Projektbeendigung und mit 100-prozentiger Sicherheit Ergebnisse und Ideen vorstellen, dann wird Ihnen oftmals ein Kollege zuvorkommen.*

2.5 Gutes tun und darüber reden

Selbstmarketing – ein furchtbares Wort für die meisten Frauen. Trotzdem möchte ich darüber sprechen. Eine Studie von IBM aus dem Jahre 2001 hat festgestellt, dass es drei Karrierefaktoren in Unternehmen gibt, die darüber entscheiden, ob eine Person beruflich weiterkommt. Diese lauten: 60 Prozent Bekanntheit, 30 Prozent Auftreten und 10 Prozent Fachkenntnisse.

Was habe ich zu bieten?

Im ersten Schritt müssen Sie sich darüber Gedanken machen, welche Ergebnisse Sie erzielt haben bzw. an welchen Projekten Sie arbeiten, die Sie in das richtige Licht rücken. Wählen Sie Ergebnisse, die für Ihre Abteilung, für Ihren Vorgesetzten oder für das Unternehmen insgesamt von besonderer Bedeutung sind. Versuchen Sie, immer eine neue Erfolgsmeldung auf den Lippen zu haben. Formulieren Sie in 30 Sekunden Ihre Message, Ihren Elevator Pitch. Berichten Sie nicht nur über ein Projekt, sondern stellen Sie dabei immer Ihren Beitrag heraus und den Mehrwert für das Unternehmen.

Wem erzähle ich darüber?

Überlegen Sie sich, wer von diesen neuen Ergebnissen erfahren sollte. Nutzen Sie Jours fixes, Mittagessen, Kaffeeküchengespräche etc., um Ihre Erfolgsmeldungen im Unternehmen zu verbreiten. Nur Sie allein können Ihre Bekanntheit steigern. Wenn die Geschäftsführung über Ihre Erfolge nichts erfährt, dann dürfen Sie sich nicht wundern, wenn es auf der Karriereleiter nicht weitergeht. Sicher muss man hin und wieder akzeptieren, dass der eigene Vorgesetzte Ergebnisse als seine eigenen verkauft. Suchen Sie aber Nischen wie z. B. Abwesenheit oder Urlaub Ihres Chefs, um sich selbst dort oben in das direkte Licht zu rücken.

Wie erzähle ich von meinen Erfolgen?

Eine Erfolgsstory auf den Lippen zu haben, ist das Basis-Pflichtprogramm für alle, die weiterkommen möchten. Wie Sie sich ansonsten in Szene setzen, hängt davon ab, welche Marketingwerkzeuge in Ihrem Unternehmen erlaubt sind. Einen Aufsatz schreiben, eine Roadshow im Unternehmen veranstalten, sich in Verteiler eintragen lassen, an der Uni extern kleine Fachvorträge aus der Praxis halten etc. Alles ist möglich – sollte aber a) zu Ihrer Firmenkultur passen und b) von den Entscheidungsträgern wahrgenommen werden.

30 *Ihre berufliche Karriere hängt zu 60 Prozent von Ihrer Bekanntheit im Unternehmen bzw. im Markt ab. Überlegen Sie sich, wofür Sie bekannt sein möchten. Bereiten Sie eine kurze Erfolgsstory vor, die Sie jederzeit erzählen können.*

2.6 Statussymbole

Statussymbole geben anderen Menschen die Möglichkeit, Sie auf den ersten Blick im Organigramm einzuordnen. Auch wenn Statussymbole heutzutage vielfach insbesondere von männlichen Alphas genutzt werden, um das eigene Ego aufzupolieren, erfüllte es ursprünglich nur den Zweck der schnellen Einordnung einer Person. Wir haben alle das Bedürfnis, bei der Begegnung mit einem Menschen zu wissen, woran wir sind. Können wir einer Person vertrauen und uns sicher fühlen oder sollten wir vorsichtig sein? Wofür steht sie und was kann ich mit ihr anfangen?

Frauen diskutieren oft stundenlang über die Sinnhaftigkeit von Statussymbolen. Keiner hat gesagt, dass ein Leben mit Statussymbolen glücklicher und zufriedener verläuft oder ein Mensch dadurch mehr wert ist. Statussymbole sind einzig und allein ein Erkennungsmerkmal im Firmenkontext. Ähnlich wie die Uniformen in der Luft- oder Schifffahrt. Auch hier weiß jeder aufgrund von Uniform und Abzeichen, welchen Status die Person gegenüber hat.

Überlegen Sie bitte kurz, welche Statussymbole in Ihrem Unternehmen Macht ausdrücken.

1. _____
2. _____
3. _____

Welche Statussymbole stehen Ihnen in Ihrer heutigen Position zu und welche nutzen Sie (noch) nicht? Aus welchem Grund lehnen Sie diese ab?

1. _____
2. _____
3. _____

Insbesondere im Kontakt mit Alpha und auch Ihren Wettbewerbern rate ich Ihnen, Statussymbole zu zeigen, die Ihnen in Ihrer jetzigen Position in Ihrer Firma zustehen. Überlegen Sie genau, wann Sie auf eines verzichten und welches Bild das nach außen abgeben wird. Wenn Sie permanent Understatement fahren, kann das dazu führen, dass Sie von der einen oder anderen Person unterschätzt werden.

Kleidung: eine Stufe besser als die aktuelle Position

Wenn Sie befördert werden möchten, dann gibt es eine weitere unausgesprochene Managerregel: Kleiden Sie sich immer eine Stufe besser, als der gegenwärtige Job es erfordert, und umgeben Sie sich mit Statussymbolen, die Sie aktuell noch nicht unbedingt einsetzen müssten.

Hier sollten Sie nicht übertreiben, denn das hat genau den gegenteiligen Effekt. Vielmehr geht es darum, Alpha und dem Management unbewusst zu signalisieren, dass Sie bereit für die nächste Stufe sind. Achten Sie dabei aber darauf, nicht in Konkurrenz mit Ihrem jetzigen Vorgesetzten zu treten.

Sie wirken auf andere vor allem über Ihre Körpersprache und Ihre Stimme. Setzen Sie bewusst starke körpersprachliche Signale ein. Sprechen Sie laut und akzentuiert, vermeiden Sie Aneinanderreihungen und Lampionsätze und bauen Sie jeden Vortrag dramaturgisch klug auf. Weichmacher und Konjunktive sollten Sie meiden. Der Platz neben Alpha stärkt Sie, ebenso wie eine Präsentation, die von vorne gehalten wird – aber nie nach der Mittagspause oder am Ende des Meetings. Gehen Sie nicht zu perfektionistisch an Aufgaben heran und bedenken Sie, dass Ihre berufliche Karriere zu 60 Prozent von Ihrer Bekanntheit im Unternehmen bzw. im Markt abhängt. Sie sollten immer eine kurze Erfolgsstory auf den Lippen haben. Setzen Sie zur Abrundung gezielt Statussymbole ein, die in Ihrem Unternehmen wichtig sind.

30

30 MINUTEN

3. Umgang mit Chefs und Kollegen

Um sich im Job als Frau zu behaupten, ist es wichtig, den Männern auf Augenhöhe zu begegnen. Das gelingt nur dann, wenn man als Frau beruflich in die richtige Rolle schlüpft, die von Männern auch durchaus als Konkurrenz wahrgenommen werden kann.

Mitspielen in der männlich geprägten Wirtschaftswelt ist das eine, die Abgrenzung vor möglichen (verbalen) sexuellen Übergriffen aber das andere. Frauen sollten bei sich anbahnenden verbalen und nonverbalen sexuellen Übergriffen klar kontern. Es gibt Männer, die diese Form als letzten Anker nutzen, um eine zu starke Frau zu verunsichern und aus dem Rennen zu werfen. Aber auch Frauen untereinander konkurrieren im Job. Und auch hier gilt es zu lernen, sich klar durchzusetzen und nicht zu viel Frauensolidarität zu leben. Aber nicht nur die Abgrenzung, sondern auch das Netzwerken untereinander ist wichtig – denn die Bekanntheit bestimmt über das eigene Weiterkommen!

3.1 Männlichen Kollegen auf Augenhöhe begegnen

Je weiter Sie in Ihrem Unternehmen kommen werden, desto mehr werden Sie es mit männlichen Kollegen zu tun haben. Denn bis heute kämpfen sich nur wenige Frauen – aber viele Männer – den Weg nach oben frei. Insofern gilt es vermehrt zu überlegen, wie Sie mit Ihren überwiegend männlichen Kollegen und auch Wettbewerbern umgehen.

Es geht ums Gewinnen

Männer wollen gewinnen. Wenn Sie sich einmal die Businesssprache auf der Zunge zergehen lassen, dann stellen Sie fest, dass fast alle Begriffe aus dem Sport oder Militär stammen. Beispiele: „Ring frei", „In die Schusslinie geraten", „Die Ziellinie erreichen", „An der Vertriebsfront stehen", „Troubleshooting betreiben" usw. Wenn Sie Männern beruflich auf Augenhöhe begegnen möchten, dann sollten Sie diese Sprache verinnerlichen. Anders werden die männlichen Kollegen Sie nicht verstehen. Gehen Sie mit dem Anspruch in jede Verhandlung und an jedes Projekt, gewinnen zu wollen. Natürlich ist es manchmal sinnvoller, Win-win-Geschäfte zu machen. Geben Sie aber nie zu schnell nach.

Zeigen Sie keine Schwächen

Wenn man gewinnen möchte, darf man seinem Gegner keine Schwächen zeigen. In Männerlogik gedacht, ist das völlig klar. Frauen werten das Zeigen von Schwächen aber anders: Für sie ist es eine Stärke. Sie sehen also, zwei Welten treffen aufeinander. Kein Mann wird sich in seinem Business-Gewinnerspiel für eine Mitspielerin entscheiden, die Schwächen offen zeigt und für ihn damit unberechenbar ist. Wenn Sie also nicht permanent auf der Ersatzbank sitzen möchten, dann gewöhnen Sie sich an die Erfolgssprache – und sprechen über Ihre Schwächen im privaten Kontext.

Bedanken Sie sich nicht andauernd

Auch das ist für Männer nicht zu verstehen. Warum bedanken sich Frauen permanent, obwohl sie gar nichts bekommen haben? Weil Frauen untereinander den Ausgleich und die Balance schaffen möchten. Das Prinzip mag unter Frauen gut funktionieren, da es auf Solidarität ausgelegt ist und keine Frau das Danke der anderen ausnutzt oder sich darüber lächerlich macht. In Männerkreisen wirkt es aber äußerst irritierend und macht Sie als Frau schwach. Vermeiden Sie das Danke für Dinge, die selbstverständlich sind.

Welches Frauenbild wollen Sie verkörpern?

Sie haben es selbst in der Hand, welches Frauenbild Sie verkörpern möchten. Es gibt kein Richtig oder Falsch – aus jeder Rolle ergeben sich aber unterschiedliche Konsequenzen.

Die Mütterliche: Frauen, die im Job die Versorgerin in den Vordergrund rücken und darauf achten, dass alle gerecht behandelt werden, begegnen Männern im beruflichen Ring nicht auf Augenhöhe. Während die Komponente im privaten Umfeld bei Männern durchaus geschätzt wird, wird sie im beruflichen Kontext nicht ernst genommen. Im Unternehmen weiterzukommen hat mit Durchsetzung und sportlichem Kampf zu tun. Da hat das Attribut der Versorgerin wenig Platz. Wollen Sie im Ring mitboxen oder am Rand in den Pausen immer nur die blutigen Nasen versorgen?

Die Arbeitsbiene: Die Arbeitsbiene ist die Frau, die jede Aufgabe gewissenhaft abarbeitet und dafür wichtigen Flurfunk, Meetings und interne Treffen verpasst. Ganz einfach – weil sie arbeiten muss. Eine Rolle, die von Männern in oberen Etagen schlicht ausgenutzt wird. Einmal in dieser Position angekommen, werden Sie viel dafür tun müssen, um sich von diesem Image wieder zu lösen.

Die Weibliche mit erotischer Ausstrahlung: Was hörte ich letztens von einem Vorstand, der sich über eine ambitionierte Frau unterhielt: „Frau X hat ja einen tollen Ausschnitt – aber der alleine reicht auch nicht zum Weiterkommen." Wie viele weibliche Attribute sollte eine Frau im Job zeigen und strategisch einsetzen? Wenn Sie von den Männern ernst genommen werden möchten, dann sollten Sie diese nur ganz bedingt einsetzen. Einmal in der Schublade „Sexsymbol", „Vamp" etc. eingeordnet, werden Sie zwar gerne als schmückendes Beiwerk geladen werden, aber nicht für eine Beförderung infrage kommen.

Die Konkurrentin: Sie befinden sich dann mit den Männern beruflich auf Augenhöhe, wenn Sie als Konkurrentin wahrgenommen werden. Es kann kein schöneres Kompliment für Sie geben. Wie kleiden Sie diese Rolle aus? Weibliche Attribute in den Hintergrund stellen und körpersprachlich und stimmlich stark und präsent auftreten. Die Amerikaner fassen es beim Punkt Frisuren z. B. mit dem Begriff „cut or back" zusammen. Frauen mit langen Haaren, die ihnen ins Gesicht fallen, lösen bei Männern oft horizontale Gefühle aus, die im Job nichts zu suchen haben. Bei diesem Thema streiten sich nun die Gemüter, und Frauen führen hier das Argument an, dass es doch eine weibliche Art der Führung geben müsse. Führung ist weder weiblich noch männlich. Führung bedeutet, über gewisse Signale Macht auszustrahlen, sei es über Körper, Stimme, Statussymbole oder Rhetorik. Wenn Sie weiter nach oben wollen, dann beobachten Sie genau die männlichen Kollegen, die es geschafft haben, und schauen, was davon in Ihr Verhaltensrepertoire passt. Weibliche Schwäche zu zeigen und zu erwarten, dass ein Mann Sie beruflich ernst nimmt, passt nicht zusammen.

Wenn Sie Männern beruflich auf Augenhöhe begegnen möchten, dann schlüpfen Sie in eine Rolle, die angemessen ist. Von einem Mann als Konkurrentin angesehen zu werden, ist beruflich ein großes Kompliment. Zeigt es doch, dass er Sie ernst nimmt und respektiert.

3.2 Richtig kontern bei sexuellen Übergriffen

Opfer eines sexuellen Übergriffes zu sein, kann verschiedene Gründe haben. Vielleicht haben Sie unbewusst eine längere Zeit eine weibliche (Opfer-)Rolle eingenommen und nun testet ein männlicher Kollege, wie weit er gehen kann. Oder Sie sind eine taffe, gleichwertige Konkurrentin und er versucht, Sie darüber zu verunsichern und zu demütigen. Egal was der Grund für diesen Übergriff ist – es ist in jedem Fall verboten und zu bestrafen. Dafür ist es aber erst einmal wichtig, zu erkennen, dass es sich um einen sexuellen Übergriff handelt.

Verbale sexuelle Abwertungen

Neben unreflektiertem Verhalten und schlechter Erziehung kann eine verbale sexuelle Abwertung das bewusste Ziel verfolgen, eine starke Frau, die einem Mann gerade beruflich gefährlich wird, abzuwerten. Dazu gehören verbale Aussprüche, die als sexuell erniedrigend gewertet werden können, Frauenwitze, anzügliche oder zweideutige Sprüche etc. Ich erinnere mich gut an mein erstes Staatsexamen, bei der eine Kollegin während der Prüfung folgenden Prüferspruch zu Ohren bekam: „Wenn Ihre Antworten auf meine Fragen weiterhin so hängen wie Ihre Brüste, dann sehe ich hier schwarz." Die Prüfung war für sie gelaufen – mich hat es nicht gewundert. Der Prüfer war danach immer noch da.

Was aber tun, wenn Sie vermehrt Opfer von sexuellen Witzen und Sprüchen werden? Es gibt verschiedene Möglichkeiten. Sie versuchen, entsprechend frotzelnd zu kontern und zeigen dem männlichen Kollegen damit, dass Sie der Spruch nicht wirklich berührt. Wenn das für Sie möglich ist, ist es wohl die effektivste Art und Weise, dieses Verhalten zu unterbrechen. Denn wenn Ihr Kollege merkt, dass seine Sprüche Ihnen nichts anhaben können, wird er schnell die Lust daran verlieren. Zumal er sich durch einen Konter ja auch selbst vor den anderen Kollegen abwerten lassen muss.

Eine weitere Möglichkeit besteht darin, ein Gespräch mit Ihrem Vorgesetzten zu suchen und das Verhalten zu melden. Herauskommen kann eine Abmahnung Ihres Kollegen; vielleicht wird Ihr Chef auch versuchen, den Vorfall zu verharmlosen und damit zu ignorieren. Informieren Sie auch andere Frauen im Unternehmen über diesen Kollegen und versuchen Sie ihn gemeinsam über entsprechende Konter bloßzustellen.

Körperliche sexuelle Übergriffe

Körperliche sexuelle Übergriffe können von einer einfachen Berührung an Schulter, Arm, Po bis hin zu Vergewaltigungen am Arbeitsplatz reichen. Letzteres ist eindeutig eine Straftat, die zur Anzeige gebracht werden muss.

Was tun Sie aber, wenn ein männlicher Kollege Sie immer nur scheinbar beiläufig am Arm oder der Schulter streift, Sie sich damit schlecht und abgewertet fühlen, aber das nicht wirklich beweisen können? Aus dem Weg gehen können Sie dem männlichen Kollegen in den seltensten Fällen. Ihn auch zu berühren, würde von ihm falsch verstanden werden. Eine Möglichkeit ist es, immer mit einem Kollegen oder einer Kollegin zusammen das Meeting zu besuchen, um so körperliche Berührungen zu vermeiden – und wenn, dann nur unter Zeugen. Oder ihm stark und mit lauter Stimme zu verstehen zu geben, dass er weitere Berührungen zukünftig unterlassen soll und es ansonsten andere Konsequenzen haben würde.

In jedem Fall ist es keine leichte Situation und Sie sollten abwägen, ob Sie die Macht und Möglichkeit haben, sich dagegen adäquat wehren zu können. Ist es der Vorstandsvorsitzende selbst, der von den anderen Männern gedeckt wird, dann wird es schwierig sein und Sie sollten in letzter Konsequenz dann auch immer an einen möglichen Abteilungs- oder sogar Firmenwechsel denken.

Gegen (verbale) sexuelle Übergriffe sollten Sie sich sofort konsequent wehren. Wenn die Situation nicht zu verändern ist, sollten Sie einen Abteilungs- oder Firmenwechsel in Betracht ziehen – eventuell verbunden mit einer Strafanzeige.

3.3 Umgang mit weiblicher Konkurrenz

Ist es eigentlich erstaunlich, dass Frauen beruflich auch untereinander in Konkurrenz zueinander stehen? Natürlich nicht. Warum sollten Frauen sich untereinander immer solidarisch erklären, nur weil sie zufällig dem gleichen Geschlecht angehören? Männer konkurrieren miteinander, Männer und Frauen tun es – und auch Frauen untereinander. Besonders brisant wird die Frage immer dann, wenn ein Unternehmen von einer weiblichen Chefin geführt wird und nun von dieser Chefin erwartet wird, dass sie alles ganz anders macht als ihre männlichen Kollegen – und insbesondere Frauen gegenüber besonders fördernd auftritt. Natürlich wäre es wünschenswert, dass Frauen sich in der heutigen beruflichen Situation untereinander mehr vernetzen und auch fördern würden. Ein genereller Anspruch kann das aber nicht sein.

Warum herrscht Konkurrenz unter uns?

Zunächst ist die Frage zu klären, was zu dieser Konkurrenz bzw. zu diesem unentspannten Verhalten untereinander führt. Manchmal gibt es Menschen, die in ihrer Persönlichkeit oder auch Arbeitsweise nicht gut zusammenpassen. Das kann unter Männern, Frauen und auch unter Frauen und Männern vorkommen. In diesen Fällen hat es nichts mit dem Phänomen „Zwei Frauen treffen aufeinander" zu tun, sondern einfach mit einer persönlichen Antipathie. Wenn das bei Ihnen der Fall sein sollte, dann stellt sich die Frage, ob Sie sich in Ihre Kollegin oder Chefin noch besser hineinversetzen können, um zu verstehen, was sie beruflich von Ihnen benötigt und auf welche Weise.

Zwei Frauen bewerben sich um einen Job – und schon entsteht Konkurrenz. Eine Chefin merkt, dass eine Mitarbeiterin versucht, ihr gefährlich zu werden – und auch dort entsteht Konkurrenz. Und zwar nach ganz natürlichen und nachvollziehbaren Mechanismen.

Mit den gleichen Mitteln kämpfen

Was tun Sie, wenn eine andere Frau mit Ihnen konkurriert? Genau das Gleiche, was Sie auch tun würden, wenn ein Mann mit Ihnen beruflich um ein Projekt oder eine Position konkurrieren würde. Sich starkmachen und um das, was Sie haben möchten, kämpfen.

Sollte es eine Möglichkeit geben, mit etwas Ideenreichtum und einem Gespräch zu einer Einigung untereinander zu gelangen, dann wäre das natürlich der bessere Weg. Aber das setzt große Offenheit von beiden Seiten voraus.

Wenn Sie mit einer Frau beruflich konkurrieren, dann hat es zumindest eine gute Seite: Sie kämpfen mit den gleichen Mitteln und können sich besser in die Welt der anderen hineinversetzen.

Frauen konkurrieren ebenso wie Männer untereinander. Versuchen Sie im ersten Schritt, eine Lösung zu finden, die beide Seiten zufriedenstellt. Wenn das aber nicht möglich ist, dann ist es auch unter Frauen nicht verboten, um eine berufliche Position oder ein Projekt zu kämpfen.

3.4 Gekonnt netzwerken

Denken Sie immer daran: Zu 60 Prozent bestimmt Ihre Bekanntheit über Ihr berufliches Weiterkommen. Ein wichtiges Marketinginstrument ist dabei der Aufbau eines professionellen Netzwerks. Frauen unterschätzen das häufig und sind so sehr von ihrer Arbeit absorbiert, dass sie sich keine Zeit nehmen, zu netzwerken. Das ist ein großer Fehler, denn die Bekanntschaft mit den richtigen Personen bestimmt häufig das Weiterkommen.

Die richtigen Netzwerke finden

Netzwerkarbeit kostet viel Zeit und Energie. Und da neben der Arbeit beides nur noch bedingt vorhanden ist, sollten Sie sich zunächst klarmachen, welche Netzwerke die richtigen für Sie sind.

Richtig sind die Netzwerke, in denen Personen vertreten sind, die Sie in Ihrem beruflichen Ziel unterstützen. Wenn Sie weiter nach oben wollen, dann müssen Sie in Netzwerken präsent sein, wo auch Ihr Vorgesetzter oder andere einflussreiche Personen präsent sind. Definieren Sie also zunächst Ihr berufliches Ziel und überlegen Sie, wer Sie zu diesem Ziel bringen kann. Dann wählen Sie das dazu passende Netzwerk aus.

Nachdem Sie die richtigen Netzwerke gefunden haben, geht es darum, sich richtig zu verhalten. Die folgenden Regeln sollten Sie einhalten.

Höchstens zwei Personen pro Netzwerkabend

Überlegen Sie sich vor jedem Netzwerktreffen, mit wem Sie sich an diesem Abend unterhalten möchten. Typischer Fehler von Frauen ist es, sich mit der Person zu unterhalten, die auch allein am Tisch steht, oder sich jemanden herauszusuchen, mit dem es nett ist, sich zu unterhalten. Dagegen ist menschlich auch nichts einzuwenden. Wenn Sie aber beruflich netzwerken möchten, dann sollte die investierte Zeit Sie auch beruflich weiterbringen. Es sollten nie mehr als ein bis zwei Personen sein, denn Sie benötigen etwas Zeit, um ins Gespräch zu kommen und eine Vertrauensatmosphäre aufzubauen. Wenn Ihre Zielperson schon in ein Gespräch verwickelt ist, dann versuchen Sie entweder, sich dazuzugesellen (wenn es passt), oder, sich zunächst jemand anderem zu widmen.

Gesprächseinstieg

Stellen Sie sich kurz vor und beginnen Sie dann mit offenen Fragen. Sie sollten mehr fragen als selbst erzählen, um möglichst viele Informationen des Gegenübers zu erhalten. Es geht darum, ein Thema zu finden, das den anderen gerade interessiert. Es sind alle Themen erlaubt mit Ausnahme von Politik, Religion, Krankheit und Tod.

Ein guter Einstieg ist immer eine eventuell vorab gehaltene Präsentation, das Catering, die Location, gesellschaftliche Ereignisse etc. Stellen Sie keinen inhaltlich zu hohen Anspruch an die Konversation – es geht erst einmal darum, miteinander in Kontakt zu kommen.

Botschaft platzieren

Wenn Sie Glück haben, dann wird Ihr Gesprächspartner Ihnen auch Fragen stellen und bittet Sie ganz von allein, ihm zu erzählen, was Sie im Unternehmen gerade tun und welche weiteren Pläne und Ideen Sie haben.

Wenn er nicht nachfragt, dann sollten Sie zu geeigneter Zeit selbst das Ruder in die Hand nehmen. Keinesfalls sollten Sie aber ein Gespräch in die Richtung drücken. Manchmal benötigt man zwei oder drei Begegnungen, bis man seine eigenen Pläne und Ideen platzieren kann. Wichtiges Ziel dieses ersten Netzwerkkontaktes ist es, in Erinnerung zu bleiben und einen Anknüpfungspunkt für einen nächsten Kontakt zu bilden.

Verabschiedung

Das Ziel: Austausch der Visitenkarten und einen Anknüpfungspunkt finden, sich noch einmal melden zu dürfen. Wenn Sie wissen, dass Sie Ihren Gesprächspartner sowieso in den nächsten Wochen öfter sehen werden, dann müssen Sie hier keinen Druck aufbauen.

Schlüpfen Sie in eine berufliche Rolle, in der Sie Männern auf Augenhöhe begegnen können. Kon- *kurrenz und Wettbewerb zeigt, dass Sie ernst genommen werden. Gegen (verbale) sexuelle Übergriffe sollten Sie sich sofort wehren, eventuell sogar die Abteilung oder Firma wechseln. Akzeptieren Sie, dass auch Frauen mit Ihnen konkurrieren, und überwinden Sie das Gefühl, immer solidarisch sein zu müssen. Bauen Sie ein belastbares Netzwerk auf und pflegen dieses regelmäßig.*

30 MINUTEN

4. Kinder und Karriere – geht das?

Die Rollen der Mutter und der Frau, die Karriere machen möchte, sind durchaus miteinander kombinierbar. Nicht in jedem Unternehmen und auch nicht in jeder Position. Aber die geschickte Auswahl des Arbeitgebers und der entsprechenden Abteilung macht vieles möglich!

Sie sollten – wenn möglich – planen, wann die beste Zeit für eine Babypause ist und wer in dieser Zeit die Arbeit übernimmt. Wichtig ist es, nie ganz den Kontakt zum Unternehmen zu verlieren und immer mit einem Ohr dabeizubleiben. Denn oft sind Veränderungen nicht vorhersehbar.

Dennoch – ein schneller Einstieg ist sicherlich der beste Garant dafür, auch weiterhin in verantwortungsvoller Position tätig zu sein! Karriere heißt auch nicht immer, in Vollzeit tätig sein zu müssen. Gerade für Mütter stellt sich die Frage, ob es nicht auch Karriere in Teilzeitmodellen gibt. Auch hier lohnt sich der Blick in die unterschiedlichen Unternehmenskulturen und die Wahl einer Position, in der man nicht 24 Stunden am Tag „online" sein muss.

4.1 Vereinbarkeit von Karriere und Familie

Die Frage, ob Karriere und Familie miteinander vereinbar sind, hängt im Wesentlichen davon ab, was genau Sie unter Karriere verstehen und wie Sie Ihre Familie organisieren. Wenn Sie sich für beides parallel entscheiden und eine gewisse Präsenz bei Ihrem Kind bzw. Ihren Kindern haben möchten, dann ist es entscheidend, den dazu passenden Job und auch Arbeitgeber zu finden.

Wann ist der richtige Zeitpunkt für Familie?

Sicherlich ist es immer gut, nach der abgeschlossenen Ausbildung bzw. dem Studium zunächst einige Jahre zu arbeiten, um sich eine gewisse Position im Unternehmen zu erarbeiten. Und um das Erlernte in der Praxis anzuwenden. Vielleicht haben Sie auch Lust, einige Jahre im Vertrieb oder im Ausland zu arbeiten. Dann sollten Sie dies tun, solange Sie noch keine Familie haben, um die Sie sich kümmern möchten. Mitte bis Ende 30 ist sicher in vielen Fällen ein guter Zeitpunkt für die Familiengründung. Wenn Sie es strategisch angegangen sind, dann haben Sie sich bis dahin eine Position in einem Unternehmen erarbeitet, die Sie so organisieren können, dass Sie für eine kurze Zeit aus- und dann wieder einsteigen können.

In welcher Position sind Karriere und Familie miteinander vereinbar?

Alle sehr konkurrenzlastigen und schnell drehbaren Positionen in Unternehmen sind sicher nicht das Richtige für Sie. Vertrieb erfordert meistens viel Reisetätigkeit und eine hohe Präsenz, die Sie in den meisten Fällen mit Familie schlecht vereinbaren können. Jobs, die international orientiert sind, bilden für Sie sicher auch nicht die beste Grundlage. Besser eignen sich Positionen in der internen Administration im Unternehmen, wie z. B. Buchhaltung, Controlling, Personal, Recht, vielleicht auch Einkauf. Überlegen Sie, in welchen Abteilungen Sie sich gut von anderen vertreten lassen können und in welchen es vielleicht auch schon Vorbilder gibt – Frauen, die Karriere und Familie miteinander vereinbaren.

Auch die Möglichkeit, pünktlich nach Hause gehen zu können, ist ein wichtiges Kriterium für Sie. Natürlich gibt es immer auch Ausnahmen, Vertriebsleiterinnen mit Familie, Geschäftsführerinnen, die beides miteinander vereinbaren, Leiterin des Controllings etc. Es hängt immer sehr von dem Unternehmen und vor allem von Ihrer Organisation der Familie ab. Und letztlich natürlich auch von der Frage, wie viel Präsenz Ihnen bei Ihren Kindern wichtig ist.

Nicht zufällig gehen viele Frauen mit Kinderwunsch nach Ausbildung und Studium in eine behördliche Einrichtung, da sich hier Karriere und Familie sehr gut vereinbaren lassen. Oder wählen Positionen in den bereits genannten Bereichen, da auch hier bei guter interner Organisation ein kurzer Ausstieg verkraftbar ist. Denn hier gibt es auf jeden Fall eine klare Rückkehrgarantie.

Gibt es besonders geeignete Arbeitgeber und Branchen?

Branchen und Märkte, die vorwiegend junge Menschen ohne Familie beschäftigen, wie z. B. Internetfirmen, kleine Softwarefirmen oder Unternehmen im Bereich Mode, sind per se weniger geeignet für die Vereinbarkeit von Karriere und Familie. Aber auch hier entscheidet natürlich das konkrete Beispiel. Gewachsene Unternehmen wie Banken, Versicherungen, Industrieunternehmen etc. haben sich schon vor vielen Jahren darauf eingestellt, dass Frauen mit Familie dort arbeiten. Diese Unternehmen sind darauf vorbereitet und gewohnt, es Frauen zu ermöglichen, Karriere und Familie zu vereinbaren. Trotzdem kämpft auch in diesen Unternehmen jede Frau für sich alleine und das Programm verspricht nicht immer den Erfolg.

Grundsätzlich sind Karriere und Familie miteinander vereinbar. Suchen Sie sich einen Job und ein Unternehmen, in denen die äußeren Rahmenbedingungen sich dafür eignen.

4.2 Job und Schwangerschaft – was beim Wiedereinstieg zu beachten ist

Was ist zu tun, wenn Sie schwanger sind? Gerade wenn Sie den Job behalten und nach der Geburt zurück ins Unternehmen möchten? Eines sollte Ihnen bewusst sein: Auch wenn Unternehmen darüber nicht offen sprechen, ist es möglich, dass Ihnen versprochene Gehaltssteigerungen, Beförderungen oder Trainingsmaßnahmen wieder gestrichen werden. Daher ist es sinnvoll, die Schwangerschaft erst dann auszusprechen, wenn das Gehalt, die Beförderung etc. verhandelt ist – oder aber Ihre Schwangerschaft nicht mehr zu verbergen ist. Letztlich müssen Sie das natürlich auch mit Ihrer inneren Einstellung in Einklang bringen. Wenn Sie sich mit dieser Entscheidung nicht wohlfühlen, dann sollten Sie Ihrem inneren Impuls folgen – aber die möglichen Folgen im Blick haben.

Wenn Sie wissen, dass Sie nach der Schwangerschaft zurückkehren und nur eine Babypause nehmen möchten, sollten Sie proaktiv schon alles genau planen. Sie können nicht von Ihrem Chef erwarten, dass er Ihnen dabei hilft. Ihre Chance, die Position zu behalten und wieder auf den gleichen Posten zurückkehren zu können, steigt mit dem Grad der eigenen Planung. Folgendes sollten Sie dazu tun.

Wer kann Sie in der Babypause vertreten?

Schauen Sie sich nach einer geeigneten Vertretung um. Dies sollte eine Person sein, die kein Interesse daran hat, Ihnen den Job streitig zu machen. Zwar haben Sie auch gesetzlich einen gewissen Schutz. Aber warum etwas gerichtlich regeln, wenn es auch anders geht? Sollten Sie aus den eigenen Reihen keine geeignete Person finden – und auch andere Abteilungen Ihre Aufgaben interimsmäßig nicht übernehmen können –, überlegen Sie sich, wie das Profil der Person aussehen sollte, die Sie vertreten könnte.

Achten Sie darauf, dass Sie sich hier nicht eine Person suchen, die schnell nach oben möchte und ehrgeizig an Ihrem Stuhl sägt, sondern einen Menschen, der aus gewissen Gründen von vornherein nur für einen begrenzten Zeitraum zur Verfügung steht.

Projektplan

Nun stellen Sie einen Projektplan auf. Wann werden Sie gehen, wie erfolgt die Übergabe, stehen Sie auch in Ihrer Babypause an einzelnen Tagen per Homeoffice zur Verfügung, für wann ist Ihre Rückkehr geplant?

Je besser Sie planen und Ihrem Chef zeigen, dass Sie alles im Griff haben, desto größer ist sein Interesse, Sie auf der Position zu halten. Denn Sie verursachen dank Ihrer Vorab-Organisation ja keinen zusätzlichen Aufwand. Stellen Sie ihm diesen Projektplan vor und fragen Sie ihn nach seinen weiteren Wünschen oder auch Befürchtungen. So wissen Sie, was Sie vielleicht noch nachbessern müssen.

Fragt man Frauen, was beim Wiedereinstieg wichtig war, dann hört man immer wieder: die kurze Abwesenheitszeit. Überlegen Sie also gut, wie lange Sie eine Pause einlegen möchten. Einige Monate bis zu einem Jahr ist eine noch gut zu überbrückende und auch planbare Zeit. Alles darüber ist in vielen Unternehmen nicht mehr in der Planung und auf dem Radar. Steigen Sie also – wenn es gesundheitlich und auch organisatorisch bei Ihnen machbar ist – so schnell wie möglich wieder in Ihren Job ein.

Auch während der Pause Kontakt halten

Noch besser ist es, wenn Sie auch während Ihrer Abwesenheit Kontakt zum Unternehmen halten. Vielleicht ist es Ihnen möglich, einmal in der Woche einen Vormittag ins Büro zu kommen, um nach dem Rechten zu sehen. Oder/Und Sie richten sich einen Home-Arbeitsplatz ein. Je schneller Sie wieder mit dem Unternehmen in Kontakt sind, desto besser für Sie. Politische Verhältnisse können sich schnell verändern, und wenn Sie eine wesentliche Information verpassen, dann kann das Auswirkungen auf Ihren Arbeitsplatz haben.

Realistische Ziele setzen

Entscheidend beim Wiedereinstieg ist es, dass Sie sich realistische Ziele setzen. Was nützt es Ihnen und den anderen, wenn Sie zwar schnell zurück sind, aber Karriere und Familie nicht unter einen Hut bringen können? Planen Sie realistisch und schauen Sie, wie lange Sie noch Unterstützung von anderen benötigen.

30 *Überlegen Sie gut, wann Sie Ihre Schwangerschaft bekannt geben. Unmittelbar bevorstehende Gehaltsanpassungen oder Beförderungen sollten Sie abwarten. Machen Sie sich Gedanken, wie Ihre Arbeit während Ihrer Babypause organisiert werden könnte. Planen Sie den Wiedereinstieg so schnell wie möglich. Sie sollten nicht länger als ein Jahr abwesend sein. Versuchen Sie schon in dieser Zeit, hin und wieder in das Unternehmen zu kommen oder per Heimarbeitsplatz einzelne Projekte abzuwickeln.*

4.3 Karriere im Teilzeitjob

Ob es Karriere in Teilzeit gibt, hängt von der Position und dem Unternehmen ab. Eine Vorstandsposition in Teilzeit ist noch unüblich, ebenso die Vertriebsleitung in einem Unternehmen. Die Leitung einer Controlling- oder Personalabteilung gibt es hin und wieder auf Teilzeitbasis. Entscheidend ist auch hier die Frage, was für Sie Karriere ist und in welcher Position bzw. in welcher Unternehmenskultur Sie arbeiten.

Generell sollten Sie sich ein Unternehmen bzw. ein Umfeld suchen, in dem die Geschäftsleitung den Horizont besitzt, auch attraktive Teilzeitmodelle anzubieten. Gibt es in Ihrem Unternehmen schon die eine oder andere Frau, die das praktiziert, haben Sie gute Chancen, sich damit durchzusetzen. Möglich wäre es auch, an ein

Jobsharing zu denken, das heißt, zwei Personen teilen sich eine ganze Stelle. Das klappt nur, wenn die Absprachen und Übergaben sauber verlaufen, aber warum nicht auch einmal so einen Vorschlag unterbreiten – mit entsprechender Vorbereitung?

Letztlich hängt es immer von Ihrem Engagement und Ihrer Planung ab, wie Ihr Angebot an oberer Stelle angenommen wird. Sie dürfen nicht darauf warten, dass die anderen Ihnen ein Angebot zusammenstellen. Dafür müssen Sie selbst sorgen.

Karriere und Familie sind miteinander vereinbar, wenn die äußeren Rahmenbedingungen stimmen. Eine Schwangerschaft sollten Sie nicht unmittelbar vor einer Gehaltsanpassung oder Beförderung bekannt geben. Steigen Sie nach der Babypause wieder so schnell wie möglich ein und bleiben Sie auch in dieser Zeit mit dem Unternehmen in Kontakt. Karriere ist auch in Teilzeit möglich, wenn die Position es erlaubt. Analysieren Sie vorzeigbare bekannte Modelle.

30

30 MINUTEN

5. Die eigenen Emotionen steuern

Emotionsmanagement – für viele Frauen im Job ein sehr wichtiges Thema! Fast jede Frau kennt das Gefühl, sich in oder nach einem Meeting von ihren Gefühlen dazu hinreißen zu lassen, etwas zu tun oder zu sagen, was sie einige Minuten später bereut.

Emotionen zu zeigen macht den Job lebendig und gehört natürlich zum Menschsein dazu. Allerdings können unkontrollierte und heftige Gefühle sehr verletzlich machen und zerstörerisch wirken. Denn im Job geht es oftmals auch darum, an richtiger Stelle zu bluffen und nicht immer zu ehrlich und transparent zu erscheinen.

Zum Emotionsmanagement gehört es auch, an geeigneter Stelle ein sogenanntes Pokerface aufsetzen zu können. Das fällt Frauen oftmals sehr schwer, denn der Anspruch, ehrlich und wahrhaftig zu sein, ist groß. Und auch die Frage nach dem Umgang mit Kritik und dem Zeigen von Gefühlen ist von großer Bedeutung. Die professionelle Trennung der Sach- und Beziehungsebene ist wichtig, um im Job überleben zu können.

5.1 Emotionen, die man als Frau zeigen darf

Emotionsmanagement im Job ist für viele Frauen ein wichtiges Thema. Emotionen zu haben und diese auch zu zeigen, ist grundsätzlich auch im Berufsleben nicht verboten. Es kann Sie aber schwächen und den Wettbewerbern zeigen, wo Ihr wunder Punkt liegt. Und das kann gerade beim Weiterkommen sehr hinderlich sein.

Positive Emotionen

Wenn Sie sich über ein Ergebnis freuen oder Ihnen etwas besonders gut gelungen ist, dann spricht nichts dagegen, dieses emotional auch zu zeigen. Keiner erwartet von Ihnen, dass Sie als Führungskraft wie ein Stein alles an sich abprallen lassen. Ganz im Gegenteil, Ihre positive Stimmung überträgt sich auf Ihr Team und verbreitet Motivation.

Es gibt eine Einschränkung. Freude und Gefallen an einem Vorschlag sollten Sie dann nicht zeigen, wenn Sie entweder gerade Ihr eigenes Gehalt verhandeln und Ihr Chef Ihnen schon ein gutes Angebot unterbreitet hat – Sie aber noch weiter pokern wollen. Zeigen Sie zu früh Ihre Freude und Ihre Zustimmung, so wird die Verhandlung nicht mehr weitergehen. Genauso verhält es sich in Verhandlungen mit internen oder externen Partnern, wo es darum geht, das bestmögliche Ergebnis für Ihren Bereich auszuhandeln.

Auch hier sollten Sie bis zum Schluss das Pokerface

aufsetzen. Andernfalls werden Sie die Schmerzgrenze des anderen nie erreichen. Zeigen Sie also durchaus positive Emotionen, es sei denn, Sie sind gerade Partner in einem wichtigen Verhandlungsgespräch.

Überlegen Sie kurz, wie sich bei Ihnen positive Emotionen äußern:

1. _____
2. _____
3. _____

Und nun überlegen Sie bitte, in welchen wichtigen Verhandlungen Sie künftig besser darauf achten sollten, nicht zu schnell Freude und Zufriedenheit auszustrahlen.

1. _____
2. _____
3. _____

Was könnte Ihnen in diesen Verhandlungen helfen, sich daran zu erinnern? Welchen Anker könnten Sie sich vorstellen?

1. _____
2. _____
3. _____

Negative Emotionen

Anders verhält es sich mit negativen Emotionen. Darunter verstehe ich Überlastung, Erschöpfung, Enttäuschung, Wut, Ärger etc. Auch diese Gefühle sind im Berufsalltag normal und kommen ab und zu vor. Wollen Sie weiterkommen und im Unternehmen für andere ein Vorbild sein, so erwartet man von Ihnen aber, dass Sie diese Emotionen kontrollieren können.

Als Vorbild erwartet man von Ihnen, dass Sie über ein internes Emotionsmanagement verfügen und sich selbst unter Kontrolle haben, denn andernfalls fällen Sie eine Entscheidung aus einer emotionalen Situation heraus, die sachlich nicht mehr haltbar ist.

Negative Emotionen können Sie in Verhandlungen ganz bewusst als Taktik einsetzen, um das Gegenüber zu verunsichern und unter Druck zu setzen. Mancher Vorstand in Unternehmen beherrscht es perfekt, von einer Sekunde auf die andere in einen cholerischen Anfall zu verfallen – natürlich gespielt und bewusst. Das kann die andere Verhandlungsseite durchaus sehr beeindrucken.

Noch ein weiterer Grund sollte Sie davon abhalten, zu viele negative Emotionen zu zeigen. Männer zeigen ihre Erschöpfung und Enttäuschung nicht – auch wenn sie hin und wieder vorhanden sind. Wenn Sie als Frau Männern Ihr Gefühl zeigen, werten diese es nicht als Stärke (so wie es die meisten Frauen untereinander tun würden), sondern als Schwäche. Und schwach zeigen sollten Sie sich in der Berufswelt auf gar keinen Fall.

Das emotionale Thermometer

Wie aber können Sie nun Ihre negativen Emotionen kontrollieren? Indem Sie sich dem Instrument des emotionalen Thermometers bedienen. Stellen Sie sich einfach mal vor, Ihre Emotionen könnte man messen – und zwar ähnlich wie Ihre Körpertemperatur. Dann gäbe es einen grünen, einen gelben und einen roten Bereich. Grün wäre Ihre Emotion dann, wenn Sie vollkommen entspannt sind und es Ihnen gut geht. Gelb, wenn sich Ihre Emotion langsam erwärmt und in einen weniger entspannten Bereich kommt – und rot, wenn Ihre Emotionen ausbrechen. Zum Beispiel in Form eines Wutanfalls, eines Zusammenbruchs oder in Form von Tränen. In den emotional roten Bereich dürfen Sie im Job niemals kommen, denn dann haben Sie sich nicht mehr unter Kontrolle.

Wie aber können Sie merken, wenn Ihre emotionale Temperatur von grün nach gelb wechselt? Ganz einfach, indem Sie wahrnehmen, was sich in Ihrem Körper physiologisch verändert, wenn Sie langsam angespannt werden. Bei einigen Menschen wird die Atmung schneller, das Herz schlägt lauter oder ihnen wird wärmer. Anderen kribbeln die Hände und Füße, sie können nicht mehr still sitzen.

Überlegen Sie kurz, was genau sich in Ihrem körperlichen Zustand verändert, wenn Ihre emotionale Temperatur von grün nach gelb steigt.

1. _____
2. _____
3. _____

Grundvoraussetzung, die eigenen Emotionen im Job im Griff zu haben, ist, wahrzunehmen, wann die Temperatur steigt. Im zweiten Schritt geht es dann darum, diese Temperatur sofort wieder von gelb nach grün herunterzuregulieren. Auch hier hat jeder Mensch seinen eigenen Erfolgsplan.

Ruhig durchatmen, sich eine kleine Pause gönnen, seinen Blick in die Ferne schweifen lassen etc.: Überlegen Sie bitte kurz, durch welche Handlung Sie sich emotional wieder herunterregulieren können – welche Referenzerfahrungen haben Sie? Diese Methoden sollten Sie beruflich jeden Tag in Ihrem sogenannten emotionalen Notfallkoffer permanent mit sich führen.

Emotionen sollten Sie beruflich nur dosiert zeigen, da Sie darüber ausdrücken, wo Sie verwundbar sind. Positive Emotionen sind erlaubt, es sei denn, Sie befinden sich in einer Verhandlung, in der es zu pokern gilt. Negative Emotionen sollten Sie grundsätzlich nicht nach außen tragen.

5.2 Erfolgreich mit Pokerface

Das nicht durchschaubare Pokerface ist eine weitere Facette im Emotionsmanagement. Man setzt in wichtigen und entscheidenden Verhandlungen eine Gesichtsmaske auf, die dem Verhandlungspartner keine Informationen darüber gibt, wo man gerade steht. Da sich Macht immer wieder in den Ergebnissen von Verhandlungen widerspiegelt, halte ich das Erlernen des Pokerface für eine wichtige Managementeigenschaft, über die auch Frauen verfügen sollten.

Die passende innere Haltung zum Pokerface

Um ein Pokerface zu zeigen, müssen Sie sich innerlich mit einem emotionalen Zustand des Pokerns verbinden. In welcher Situation in Ihrem Leben sind Sie nicht durchschaubar, zeigen keine Emotionen und bauen eine Distanz zum Inhalt auf? Kennen Sie eine derartige Situation – beruflich oder privat?

Wenn Sie eine Situation gefunden haben, dann geht es darum, sich in diese innerlich einzufühlen. Vielleicht hatten Sie Erlebnisse, wo Sie sich (als Kind) überführt gefühlt und versucht haben, möglichst unbeteiligt zu wirken, um sich nicht zu verraten. Oder Sie haben beim Kartenspielen das bessere Blatt in der Hand, möchten es den anderen aber zurzeit noch nicht zeigen und sich bedeckt halten. Beides wären geeignete Situationen. Wenn Sie sich dann emotional hineinversetzt haben, setzen Sie ganz automatisch mimisch ein Pokerface auf.

Dissoziation: von außen auf die Situation schauen

Zudem ist es hilfreich, wenn Sie sich deutlich machen, dass es darum geht, zu spielen und zu bluffen. Sich nicht zu sehr mit der Sache zu verbinden, kann dabei helfen. Man nennt diese Methode die Dissoziation. Man versucht, sich emotional aus dem Geschehen zu ziehen und die Verhandlung von außen zu betrachten – eher beratend und beobachtend als aktiv mitmischend.

In wichtigen Verhandlungen ist ein Pokerface sehr hilfreich. Setzen Sie es auf, bevor Sie den Verhandlungsraum betreten.

5.3 Kritik nicht persönlich nehmen

Wie kommt es, dass Frauen beruflich deutlich verletzbarer sind als Männer und Kritik persönlich nehmen? Weil sie die Sach- und Beziehungsebene nicht voneinander trennen und sich im Job nicht gut genug schützen.

Trennung von Sach- und Beziehungsebene

Der Kommunikationsexperte Paul Watzlawick hat festgestellt, dass Menschen auf einer Sach- und Beziehungsebene miteinander kommunizieren. Auf der Sachebene werden untereinander Zahlen, Daten, Fakten und Informationen ausgetauscht. Die Beziehungsebene bildet die Grundlage des persönlichen Kontakts zueinander – hier spielen Empfindungen, Emotionen und Gefühle zueinander eine Rolle.

Sprechen Menschen miteinander, so finden nur 20 Prozent des Gespräches auf der Sachebene, dagegen 80 Prozent auf der Beziehungsebene statt. Ist Letztere gestört – mögen sich die Personen nicht oder gibt es einen

Konflikt –, dann kann das Gespräch auf der Sachebene blockiert werden.

Wie gehen Männer und Frauen mit diesen Ebenen um?

Männer gehen in ein Gespräch, um ihr Projekt durchzubringen. Sie nutzen die Beziehungsebene, um zu taktieren oder den anderen an seinem verletzlichen Punkt zu fassen. Das berufliche Taktieren ist für sie ein Spiel, das sportlich und mit Gewinnerambitionen geführt wird – aber letztlich auch nur ein Spiel ist. Verlassen sie eine Verhandlung, dann treten sie aus ihrer beruflichen Kämpferrolle heraus und sind in der Lage, mit dem Sparringspartner auf der anderen Seite freundschaftlich ein Bier trinken zu gehen.

Anders verhalten sich vielfach die Frauen. Sie trennen Sach- und Beziehungsebene nicht, sondern nehmen jeden taktischen Angriff in einer Verhandlung persönlich. Daraus entsteht Verletzung, und es ist ihnen oftmals nicht möglich, nach einem beruflichen Fight gemütlich etwas trinken zu gehen. Sie hängen ihren Gefühlen nach und brauchen einige Zeit, damit sich die erlittene Verletzung wieder auflöst. Zum Unverständnis ihrer männlichen Kollegen, die alles nur als ein Spiel betrachtet haben und sich schon kurz nach dem Gespräch gar nicht mehr daran erinnern können, was emotional dort gelaufen ist. Und daher auch wenig Verständnis dafür haben, dass die Frau noch eine längere Zeit emotionalen Abstand hält.

Für Ihr berufliches Weiterkommen und auch Überleben ist es von großer Bedeutung, dass Sie immer wieder prüfen, ob Sie die Sach- und Beziehungsebene sauber voneinander trennen. Wenn die Beziehungsebene durch taktische Mittel berührt und unter der Gürtellinie gekämpft wird, dann sollten Sie wissen, dass es in einen spielerischen beruflichen Kontext gehört – und nicht Ihre Person per se angegriffen wird.

Nicht vergessen: den Schutzmantel anziehen!

Bevor Sie morgens ins Büro gehen und vor jeder wichtigen Verhandlung sollten Sie sich einen Schutzmantel anziehen. Ähnlich einem Boxer, der kurz vor seinem Kampf steht und sich rüstet. Auch dieser würde sich nie ohne die entsprechende Funktionskleidung in den Ring wagen. Für Sie kann das ein bestimmter Blazer sein, den Sie morgens anziehen, ein Parfüm, das Sie auftragen, eine Uhr oder ein besonderer Ring etc. Alles, was Ihnen hilft, sich in eine professionelle Businessrolle zu finden, ist erlaubt. Vergessen Sie aber nicht, diesen abends zu Hause wieder auszuziehen, sonst werden Sie mit großer Wahrscheinlichkeit im privaten Kontext für Irritationen sorgen.

Kümmern Sie sich um Ihr Emotionsmanagement und dosieren Sie dessen Einsatz, denn es kann Sie verwundbar machen. In wichtigen Verhandlungen ist ein Pokerface sehr hilfreich. Setzen Sie es auf, bevor Sie den Verhandlungsraum betreten. Trennen Sie immer die Sach- und Beziehungsebene und achten Sie auf einen professionellen Abstand, bevor Sie morgens die Firma betreten.

30

Fast Reader

1. Lust auf Macht

Um beruflich weiterzukommen, benötigen Sie ein positives Verhältnis zum Thema Macht. Machen Sie sich deutlich, dass Machthaben immer nur das Mittel zum Zweck ist – Sie also darin unterstützt, Ihr berufliches Ziel zu erreichen.

Analysieren Sie, wer in Ihrem Unternehmen Alpha ist, also wichtige Entscheidungen treffen kann. Wenn Sie Alpha nicht auf Ihrer Seite haben, wird es kaum möglich sein, sich mehr Macht im Unternehmen zu erobern. Jedes Unternehmen besitzt seine eigenen Spielregeln. Wenn Sie weiterkommen möchten, dann sollten Sie sich an diese halten. Trennen Sie Privat- und Geschäftsperson, überlegen Sie sich, mit welchem inneren Team Sie den Berufsalltag bestreiten möchten.

Achten Sie darauf, Ihr Gehalt regelmäßig nachzuverhandeln. Sprechen Sie nur mit den Entscheidern und skizzieren Sie Ihre messbaren Erfolge in der Vergangenheit sowie zukünftige Pläne. Fixieren Sie verbindliche Absprachen und stellen Sie Ihre Karriereziele klar dar!

Spielen Sie die Spiele der Macht in Ihrem Unter-
nehmen. Achten Sie darauf, Ihr Gehalt regelmäßig **30**
nachzuverhandeln, und skizzieren Sie Ihre mess-
baren Erfolge in der Vergangenheit sowie zukünf-
tige Pläne. Fixieren Sie Ihre nächsten Karriereziele
im Unternehmen. Wenn es nicht weitergeht, dann
wechseln Sie die Abteilung bzw. Firma.

2. Starke Kommunikation und Präsenz

Sie wirken auf andere vor allem über Ihre Körper-
sprache und Ihre Stimme. Da Ihr Gegenüber in den
ersten 3 Sekunden entscheidet, ob Sie etwas zu
sagen haben oder nicht, sollten Sie die Elemente in
den Vordergrund rücken, die Sie stark machen.
Um auch Ihrer Stimme Stärke zu verleihen, sollten
Sie laut und akzentuiert sprechen und Intonatio-
nen einbauen. Vermeiden Sie Aneinanderreihun-
gen und Lampionsätze. Gestalten Sie jeden Vor-
trag nach einem eigenen Regiebuch.
Wenn Sie Ihren Inhalt klar transportieren möch-
ten, dann vermeiden Sie Weichmacher wie z. B.
Konjunktive oder das Sprechen in der dritten Per-
son. Setzen Sie sich so nah an Alpha, wie es geht,
und zeigen Sie Selbstbewusstsein, indem Sie ste-
hend von vorne präsentieren. Sprechen Sie nie
nach der Mittagspause oder am Ende des Mee-

tings, dieses sind die schlechtesten Zeiten, um Aufmerksamkeit zu erhalten.

Überprüfen Sie Ihren Drang nach Perfektionismus. Wenn Sie nur nach Projektbeendigung und mit 100-prozentiger Sicherheit Ergebnisse und Ideen vorstellen, dann wird Ihnen oftmals ein Kollege zuvorkommen.

30 **Setzen Sie sich und Ihr Können ins rechte Licht. Gehen Sie nicht zu perfektionistisch an Aufgaben heran und bedenken Sie, dass Ihre berufliche Karriere zu 60 Prozent von Ihrer Bekanntheit im Unternehmen bzw. im Markt abhängt. Sie sollten immer eine kurze Erfolgsstory auf den Lippen haben. Setzen Sie zur Abrundung gezielt Statussymbole ein, die in Ihrem Unternehmen wichtig sind.**

3. Umgang mit Chefs und Kollegen

Wenn Sie Männern beruflich auf Augenhöhe begegnen möchten, dann schlüpfen Sie in eine Rolle, die angemessen ist. Von einem Mann als Konkurrentin angesehen zu werden, ist beruflich ein großes Kompliment. Zeigt es doch, dass er Sie ernst nimmt und respektiert.

Gegen (verbale) sexuelle Übergriffe sollten Sie sich sofort konsequent wehren. Wenn die Situati-

on nicht zu verändern ist, sollten Sie einen Abteilungs- oder Firmenwechsel in Betracht ziehen – eventuell verbunden mit einer Strafanzeige.

Frauen konkurrieren ebenso wie Männer untereinander. Versuchen Sie im ersten Schritt, eine Lösung zu finden, die beide Seiten zufriedenstellt. Wenn das aber nicht möglich ist, dann ist es auch unter Frauen nicht verboten, um eine berufliche Position oder ein Projekt zu kämpfen.

Trauen Sie sich, in der männlich geprägten Wirtschaftswelt mitzuspielen. Überlegen Sie sich gut, welches Frauenbild Sie in Ihrer Firma verkörpern, und lassen Sie sich nicht in eine bestimmte Rolle drängen. Neben dem richtigen Umgang mit Chefs und Kollegen ist es wichtig, gute Kontakte zu haben. Bauen Sie aktiv ein belastbares Netzwerk auf und pflegen Sie dieses regelmäßig.

30

4. Kinder und Karriere – geht das?

Grundsätzlich sind Karriere und Familie miteinander vereinbar. Suchen Sie sich einen Job und ein Unternehmen, in denen die äußeren Rahmenbedingungen sich dafür eignen.

Überlegen Sie gut, wann Sie Ihre Schwangerschaft bekannt geben. Unmittelbar bevorstehende Gehaltsanpassungen oder Beförderungen sollten Sie abwarten. *Machen Sie sich Gedanken, wie Ihre Arbeit während Ihrer Babypause organisiert werden könnte. Planen Sie den Wiedereinstieg so schnell wie möglich. Sie sollten nicht länger als ein Jahr abwesend sein. Versuchen Sie schon in dieser Zeit, hin und wieder in das Unternehmen zu kommen oder per Heimarbeitsplatz einzelne Projekte abzuwickeln.*

30 **Wenn Sie Familienleben und Job bestmöglich miteinander vereinen wollen, sollten Sie Schwangerschaft, Babypause Wiedereinstieg sorgfältig planen, sodass für Ihren Arbeitgeber kein Nachteil entsteht. Wägen Sie ab, welche Karriereziele Ihnen wichtig sind. Karriere ist auch in Teilzeit möglich, wenn die Position es erlaubt. Analysieren Sie vorzeigbare bekannte Modelle.**

5. Die eigenen Emotionen steuern

Emotionen sollten Sie beruflich nur dosiert zeigen, da Sie darüber ausdrücken, wo Sie verwundbar sind. Positive Emotionen sind erlaubt, es sei denn, Sie befinden sich in einer Verhandlung, in der es zu pokern gilt. Negative Emotionen sollten Sie grundsätzlich nicht nach außen tragen.

30 **Gutes Emotionsmanagement hilft Ihnen im Job weiter. In wichtigen Verhandlungen ist ein Poker-**

face sehr nützlich. Setzen Sie es auf, bevor Sie den Verhandlungsraum betreten. Trennen Sie immer die Sach- und Beziehungsebene und achten Sie auf einen professionellen Abstand, bevor Sie morgens die Firma betreten.

Die Autorin

Carmen Schön (www.carmenschoen.de), Erfolgs- und Karrierecoach, trainiert seit 2004 das Topmanagement, Führungskräfte und Mitarbeiter in Unternehmen. Frauenspezifische Trainings bilden dabei einen Schwerpunkt.

Sie ist Autorin zahlreicher Bücher und Fachartikel zu den Themen Selbstmarketing, Kundenakquisition, Führungs- und Verhandlungsmanagement. 2009 – 2011 war sie Coach in der wissenschaftlichen Studie „Mikropolitik – Aufstiegskompetenz für Frauen" und hat im Rahmen dieses Programms 30 weibliche Führungskräfte auf ihrem beruflichen Weg begleitet.

Nach dem Studium der Rechtswissenschaften und Psychologie in Hamburg, Speyer und New York startete sie ihre berufliche Laufbahn als RTL-Fernsehmoderatorin der Sendung „Wir kämpfen für Sie". Als Justiziarin der MobilCom AG verantwortete sie sämtliche Rechtsthemen im Konzern, bevor sie als Gründungsmitglied der freenet.de AG die Abteilung Recht- und Beteiligungsmanagement aufbaute. Als internationaler Key Account Manager einer Tochter der Deutsche Telekom AG verantwortete sie die Märkte in West- und Osteuropa und leitete internationale Projekte. Es folgte die Tätigkeit als Gesellschafterin in dem Software-Beratungsunternehmen PPI AG. Carmen Schön ist Dozentin an der Fakultät für Rechtswissenschaften Hamburg.

Weiterführende Literatur

- Ingrid Amon: Die Macht der Stimme. Redline 2011

- Marion Knaths: Spiele mit der Macht. Hoffmann und Campe 2007

- Dagmar Kumbier: Sie sagt, er sagt. Rowohlt 2007

- Barbara Schneider: Fleißige Frauen arbeiten, schlaue steigen auf. GABAL 2009

- Carmen Schön: Die geheimen Tricks der Arbeitgeber. Eichborn 2009

- Carmen Schön: Karriere-DNA – warum Glück im Job kein Zufall ist. STARK 2011

- Carmen Schön: Mehr als bloß ein Job – als Führungskraft unternehmerisch denken und handeln. GABAL 2011

- Friedemann Schulz von Thun: Miteinander reden. Band 1-3. Rowohlt 2011

- Stefan Spies: Authentische Körpersprache. Hoffmann und Campe 2006

- Deborah Tannen: Warum Männer und Frauen aneinander vorbeireden. Goldmann 2004

- Deborah Tannen: Job-Talk. Goldmann 1997

- Prof. Dr. Rastetter, Doris Cornils: Efas-Newsletter (S. 20 ff.) „Fishing for Careers" des Career Centers der Universität Hamburg

Register